航天员选拔训练与飞行任务准备

Prepare for Launch:
The Astronaut Training Process

[加拿大]埃里克·希德豪斯(Erik Seedhouse)　著

黄伟芬　译

国防工业出版社
·北京·

著作权合同登记　图字:军-2015-079号

航天员选拔训练与飞行任务准备/(加)埃里克·希
德豪斯(Erik Seedhouse)著;黄伟芬译. —北京:
国防工业出版社,2018.8
书名原文:Prepare for Launch:The Astronaut
Training Process
ISBN 978-7-118-11161-3

Ⅰ.①航…　Ⅱ.①埃…　②黄…　Ⅲ.①航空航天人员
选拔　Ⅳ.①V527

中国版本图书馆 CIP 数据核字(2018)第 139490 号

※

国防工业出版社出版发行
(北京市海淀区紫竹院南路 23 号　邮政编码 100048)
天津嘉恒印务有限公司印刷
新华书店经售
*
开本 710×1000　1/16　印张 15½　字数 244 千字
2018 年 8 月第 1 版第 1 次印刷　印数 1—2500 册　定价 62.00 元

(本书如有印装错误,我社负责调换)

国防书店:(010)88540777　　发行邮购:(010)88540776
发行传真:(010)88540755　　发行业务:(010)88540717

译者序

从 1961 年 4 月 12 日苏联航天员加加林完成人类首次太空飞行到 1969 年 7 月 16 日美国航天员阿姆斯特朗踏上月球完成人类的一大步,从 108 分钟的首飞到创造一次飞行 438 天的世界纪录,人类创造了一个又一个的飞天奇迹。每一次的飞天奇迹,都是那样的震撼人心。那些标志性的事件和人物,给世人留下了极为深刻的印象,产生了巨大而深远的影响,激发了人们(尤其是孩子们)热爱科学、探索宇宙的热情,甚至改变了他们的人生。本书的作者就是他们当中的一位。在他 5 岁时,通过电视他看到了人类首次登月的壮举,竖立在发射塔架上的火箭、阿姆斯特朗和同伴小奥尔德林在月球上跳跃前行的场景深深地震撼了他的心灵,他立志也要成为一名航天员,并从此开始了他努力奋斗的追梦历程。

航天员是一个极为特殊的职业,在作者的眼中是世界上最好的职业,是最激动人心、最有价值、最有成就感的工作。航天员也是在极端环境下工作的高风险职业,是一个勇敢者的职业,要求极高。

航天员并不是人人都可以胜任的,是必须经过严格科学的选拔与训练培养出来的!本书作者埃里克·希德豪斯,以其亲身经历与切身体会向读者做出了最好的诠释。

与那个年代的很多人不同,埃里克不是仅把成为一名航天员这一看似遥不可及的梦想放在心里,而是真正地付诸行动。为了成为一名航天员,他如饥似渴地学习各种知识,积极从事相关的研究工作,勇于经历各种挑战,不断地锻炼提升自己的能力素质,积累各种经验,丰富自己的人生阅历。他参加空军特种部队训练,掌握了作战、跳伞和沙漠生存技巧,收获了在有凝聚力的小团队中活动的丰富经验。他参加耐力三项全能运动,凭借持久的决心和心理生理上的坚韧赢得了很多被认为是不可能获胜的比赛,并最终赢得了世界冠军。他在医科研究院学习,从事有关空间生命科学的研究,取得了第一个硕士学位。他志愿作为受试者参加了欧洲航天局组织的失重飞行,在完成生理学实验的同时,充分体验了失重环境。他在德国航天医学研究所不仅获得了博士学位,也了解了欧洲航天局项目实施运作程序,获取了航天医学方面的工作经验,提升了与外界及国际同行的交流能力。他在取得博士后资格后，开展了极端环境下的人类生理学研究。他热衷于潜水、爬山、写作、现代铁人三项、驾驶飞机和自编自导电影，喜欢具有挑战性的活动。为实现心中的梦想，他在身体、心理、知识储备、能力素质、阅历与经验等方面，一直认真积极地进行准备。

2005年，埃里克被比奇洛航空航天中心录用为航天员训练顾问，设计、编写了《航天飞行人员训练手册》等，他的梦想仿佛近在咫尺。然而，现实又是残酷的。2008年，他报名申请参加了加拿大航天局的第三次航天员选拔，由于入选概率实在太低，尽管他非常优秀，但最终却止步于最后的选拔，没有实现自己的终极梦想。用他的话来讲，那些最终入选的候选者，都是这个星球上经历过最高端训练的一些人，然而他们崭新的职业准备过程才刚刚开始！他们面临的不仅仅有鲜花、掌声、荣誉和人前的风光无限，更多的是年复一年、日复一日的坚持，精益求精的追求，一个又一个挑战，甚至牺牲生命的付出。

二十多年来，我一直致力于我国航天员选拔与训练技术体系的创建、相关技术研究及载人飞行任务航天员选拔与训练实践技术工作。我们用智慧、信念、辛勤的工作、执著和奉献，开创性地完成了我国航天员选拔与训练技术体系从无到有、从小到大的创建以及跨越式发展，为国家载人航天工程历次载人飞行任务选拔训练出了优秀的航天员飞行乘组。作为我国航天员选拔与训练的技术负责人，对航天员这个特殊的职业和相关技术领域，我有着比旁人更加全面深入的了解和认识，有多年研究与实践的经验和体会，有更加理性、专业的思考与见解，2006年我出版了专著《航天员选拔与训练》。但是，埃里克对航天员这个职业的热爱、对自己梦想的执着与锲而不舍的努力，仍然深深地感动了我，这也是促使我下决心翻译这本书的重要原因。

希望通过本书的翻译出版，能让更多的人了解航天员这个特殊的职业，了解那些具备极高素质和独特天赋的人是如何成为航天员以及他们接受的独特训练。希望每一位读者，尤其是青少年，在收获航天员选拔训练等相关知识的同时，也能够感受到这种精神和梦想的力量，受到激励和鼓舞！希望本书的出版，能够进一步激发广大青少年和科技爱好者对载人航天技术的兴趣，关注我国载人航天事业的发展，有更多的人献身航天，加入到我们的航天员队伍中来，为航天科技人才培养起到积极的促进作用。

本书以独特视角介绍了国外航天员申请、选拔、训练和职业发展过程，是一本详实介绍国外航天员职业训练与任务准备的专著，主要内容包括国外航天员选拔历史、选拔标准、航天员申请程序、航天员训练、航天员承担的技术工作、未来航天员选拔思路、发射前准备工作等。本书内容全面、翔实，对我国开展后续航天员选拔、训练及航天员职业发展与管理等工作也具有很好的借鉴和参考作用;既可作为从事载人航天工程尤其是航天员选拔训练及相关工作的专业技术人员、管理人员学习与参考读物,也可作为从事其他极端环境作业人员选拔训练工作科研人员和管理者以及高等院校相关专业学生和教师的教科书或参考书籍。

感谢吴文才、张小莉、吴昊、石玉生、许东、刘旺、徐冲、王跃、潘占春、王刘杰、郝祎咛等参与本书的翻译及校译工作。感谢国防工业出版社周敏文编辑等人给予的大力支持和帮助。

由于时间紧,本书所涉及专业面广、术语多、信息量大,难免有翻译不准确、不一致或疏漏失误之处,敬请广大读者批评指正。

借此机会,向国内外所有为人类太空探索做出贡献、付出努力的先驱、前辈以及同仁们致以最崇高的敬意!

中国载人航天工程航天员系统副总设计师　　黄伟芬
2018 年 6 月

我一直想当航天员。成长于太空竞赛年代的每个孩子都想当航天员。然而与大多数孩子不同的是,在职业选择上我从未动摇过。至今我仍清楚地记得坐在家里客厅的地板上通过父母的黑白电视机收看人类第一次登月的场景。看着发射架上的"土星"V号(Saturn V),看到航天员在月球表面跳跃着前进,我下定决心要成为一名航天员。最初吸引我的正是乘坐火箭和在月球上漫步的场景,那时我才5岁。

随着对航天员选拔要求了解的增多,我更加致力于实现梦想。1987年,了解到很多航天员都具有军队背景,我加入了空降团2营。为了成为一名伞兵,我们43名新兵开始了为期27周的基础训练。最后我们当中只有3人成功,我便是其中之一。

在空降团训练期间,我受训于空军特种部队,训练科目包括热带丛林和沙漠作战,夜间从"支奴干"(Chinook)直升机上跳伞,还有无数次从"大力神"(Hercules)C-130飞机上跳伞。除此之外,我每年进行一次负重20千克、长达80千米的行军,并在伯利兹丛林和塞浦路斯北部沙漠掌握了高级生存技巧。在战斗部署训练中,伴随着巨大、持久的压力,我获得了在有凝聚力的小团队中活动的丰富经验。我训练得非常投入,尤其是我知道这为成为一名航天员提供了极好的经历。

我在谢菲尔德大学(Sheffield University)的医学科学专业获得了第一个硕士学位。我没有选择学位课程给定的研究方向,而是决定去拜访大卫·格兰迪(David Grundy)博士,他是空间生物医学研究所的主任。我们一起进行了空间生命科学头低位方面的研究,研究结果于1991年在《生理学家》(Physiologist)杂志上发表。在谢菲尔德大学期间,我开始更加注重体育运动,目标是成为一名职业运动员。

获得硕士学位后,我来到了肺功能实验室工作,在这里学会了如何平衡预算以及开发相应的测试协议。1992年3月,在实验室开始工作后不久,我向加拿大航天员招募计划提交了申请。虽然我尚未达到作为一个富有竞争力的申请者所需的条件,但我的目的是向加拿大航天局表明我有意成为一名航天员,这有助于我在下一次选拔申请时更有竞争力。

尽管我明白下一次航天员选拔可能是多年以后的事情,我却没有丝毫动摇。我的下一个目标是亲身体验微重力,为此,我志愿作为受试者参加了格兰迪博士的同事主持的一个研究。1995年4月,我作为受试者参加了欧洲航天局(European Space Agency,ESA)组织的第22次失重飞行试验(抛物线飞行试验)。这次飞行使我获得了设备的设定、校准及在生理测试时监测数据等方面的宝贵经验。为研究收集实验数据进行了5天,我们每天在比斯开湾上空飞行30个抛物线,这也给我提供了充足的体验失重的机会。

为了成为一名职业运动员,我越来越多地参加竞技运动比赛,这是实现我雄心壮志过程中的关键一步。1995年,在获得了世界耐力三项全能运动冠军(World Endurance Triathlon Championships)后,我终于实现了这个目标。在从事三项全能运动生涯中,我不断地向赞助人证明我的承诺,持久的决心和心理生理上的坚韧使我赢得了很多被认为是不可能获胜的比赛。在想要获得荣誉动机(我认为这个特质是任何有抱负的航天员应具有的优点)的激励下,通过坚持严格、严酷的强化训练,我终于获得了世界冠军。此外,由于我的成就,一些媒体经常邀请我做采访,我也获得了为赞助人做代言的宝贵经验。

成为职业三项全能运动员后,我在欧洲航天局提供的5万美元的资助下去了德国。在航天医学研究所(Institute for Space Medicine)攻读博士学位期间,我有机会了解欧洲航天局项目运作方面的知识。我在研究所的工作给我提供了大量有关空间项目开发实践的机会,也提升了我与外界以及国际科技同行的交流能力。在攻读博士学位的同时我也延续着自己的运动生涯,两者加在一起需要我每周工作70多个小时。该研究所不仅仅是一个理想的研究场所,还能提供积累空间项目运作程序方面专业知识,获取航天医学应用知识的机会。

1999年,我从三项全能运动退役,并且取得了在西蒙·弗雷泽大学(Simon Fraser University,SFU)环境生理学研究室的博士后资格。在那里,我构想了极端生理学项目(EPP),开创了去麦金利山(Mount Mckinley)和阿空加瓜山(Aconcagua)的野外研究。极端生理学项目是一个涉及多种科学和技术综合的研究与开发项目,研究压力环境下人的生理,包括实验室实验(模拟太空、高空、深海)和野外研究(使用无线技术)。其中,首先进行的第一个实验是在国际空间站驻留5天的模拟实验。后来的野外研究包括了运动员和非运动员攀登麦金利山和阿空加瓜山时生理反应差别的研究。作为极端生理学项目的联合主管,我指导、执行、管理和监督研究计划实施,设计了本项目中研究部分的项目优先顺序和目标。

2005 年，我被位于拉斯维加斯的比奇洛航空航天中心（Bigelow Aerospace）录用，成为航天员训练顾问。在比奇洛航空航天中心工作期间，我设计、编写和编辑了《航天飞行人员训练手册》（Spaceflight Participants Training Manual），设计了航天飞行医学应急的医学处置流程，开发了教学材料。我还为航天飞行人员选拔设计、编写和编辑了《首席医学官手册》（Chief Medical Officer's Manual），为航天飞行人员设计和编辑了航天员鉴定标准。

2007 年，我加入了位于多伦多的加拿大防护与研究发展部（Defence and Research Development Canada）的航空航天小组，作为项目管理者负责对研究发展项目进行专业审查。

好奇心总是使我收获颇多。我热衷于潜水、爬山、写作、参加铁人三项赛、驾驶我的塞斯纳飞机和自编自导电影。我更喜欢技术手册而不是看电视，而且讨厌坐在那里无所事事。我无法抗拒新的活动，并且喜欢用尽可能多的工作充实我的生活。我认为展示胜任力、自信、在最具挑战性环境中高效工作等能力是航天员所必备的特质，而我相信我具备这些能力。阅历丰富且能很好适应工作需求，对于一名航天员来说是令人满意的特点，而我认为我的背景符合这个要求。

我各种各样的工作经历让我拥有了极好的沟通技巧，包括书面表达和口语表达。我已经向《航天飞行》（Spaceflight）杂志投过很多稿件，在许多场合接受过采访，出版了四本书，还是一名极富激情的演说家。作为一名探险队的领导者，我运用统筹能力在不断变化和富有挑战性的环境中取得了成功。我认为这些及上述的其他技能是我能为加拿大航天局做出有效贡献的关键所在。同时，我相信自己有能力应对成为一名航天员的挑战。

作为一名潜在的航天员，我已经展示了乐于冒险，对严酷环境的耐受力，以及被迫独立做出反应的能力。这些能力已经在跳伞、登山、潜水、铁人三项、微重力研究以及作为高空教育培训教员时得到了证明。

作为一名航天员，我相信我将成为加拿大航天局有用的一员。我的各种科研经历以及我的运动生涯和军事训练，为我提供了独特的阅历，使得我无论是在实验室，还是在长时间承受身心危险压力下，都能以沉着、理性、谨慎的方法去解决问题。我善于与人合作并且容易融入团队，我相信自己能对大家一视同仁，能为同事和航天员提供支持、鼓励和真诚。

"在我的职业生涯中，我一直对载人航天飞行保持着持久的、积极的态度，那也是我生命中高于其他任何事情的目标。从观看登月的那一天起，我就一直在阅读和学习航天飞行相关知识。我想加入加拿大航天员大队，因为这是能够充分运用我的职业技能和经验的最好岗位，也是能让我为加拿大航天局执行加拿大航天政策方面做出最大贡献的岗位。如果能够加入加拿大航天员大队，我将感到非常荣幸，因为这支团队有更高的协同工作水平，优秀已成为他们的习惯想法，他们有勇气和想象力去挑战并追求卓越。我已经准备好并且十分渴望成为它的一分子。"加拿大航天局在 2008 年进行航天员选拔的初期，要求申请者写一篇短文说明他们想成为航天员的原因。上述短文，就是当时我提交的那篇。经历了 1 年的选拔测试，包括海上生存、救火、机械臂测试及无数其他考验和评价，我成功入选了最后的 30 名候选者。不幸的是，我没能往前更进一步。对于那些为了实现当航天员的目标而奋斗了 20 多年的候选者来说，说得婉转些，这也是毁灭性的打击。与美国航空航天局定期选拔航天员不同，加拿大航天局的这次选拔是自 1983 年以来的第 3 次。很多候选者自 1992 年加拿大航天局选拔航天员以来已经等待了 16 年，在最后阶段遭到淘汰意味着这条路已经走到了尽头。少数几个在美国工作的幸运儿表示他们将申请绿卡，这样就可以在美国的下一次航天员招募活动中向美国航空航天局申请。其他人回到他们的工作岗位，诸如学术工作、航空驾驶，或者进行研究工作。少数人重新调整自己的生活，尝试寻求其他挑战。例如，其中一名素质极高的候选者告诉我，他真的不喜欢他的工作（他是世界一流的急诊内科医生和珠穆朗玛峰登顶者），正考虑攀登乔戈里（K2）峰。一些人在反省，在追求这一需要付出几乎无人能理解的牺牲的梦想时，在个人生活方面付出了高昂的代价（很多人不止一次葬送了婚姻）是否值得。还有一些像我这样的候选者，把目光转向被某个初出茅庐的私营航天公司（如维珍银河公司和太空探索技术公司）聘用来实现自己的目标（有希望获得一次飞行机会！）。

成为一名航天员，需要具备极强的方向感、洞察力、决心和非凡的自信。很多人都曾有过成为航天员的想法，但极少有人真正踏上需要他们去不断积累达到有竞争力的申请者所必须具备的资质条件的征程。那些最终入选的候选者，都是这个星球上受过最高端训练的一些人，而他们崭新的职业准备过程还尚未开始！通过本书，您将了解这些非常胜任和有独特才华的人是如何成为航天员的，以及他们独特的训练如何使他们做好准备，去完成世界上最激动人心、最有价值、最有成就感的工作。

章 节 概 要

已有一些由航天员撰写的描述为航天飞行训练和准备所经历的挑战的书籍,但它们中大多数都聚焦在空间在轨飞行的时段。正是由于有汤姆·琼斯(Tom Jones)的《空中漫步》(*Sky Walking*)和迈克·穆兰(Mike Mullane)的《驾乘火箭》(*Riding Rockets*)等讲述亲身经历的书籍,坐在椅子上的航天员都有机会了解航天员在轨探险的经历。然而,本书的目的是要描述航天员训练的具体细节,描述从提出申请开始到发射入轨达到高潮结束的过程。

第Ⅰ部分从申请和选拔过程开始。作为一名曾两次向加拿大航天局提交成为航天员申请的申请者,作者揭示了如何让自己的申请有竞争力,并描述了各航天局未来选拔航天员的严格的选拔标准。

第Ⅱ部分从在约翰逊航天中心(Johnson Space Center,JSC)进行的航天员预备训练开始,按年代时间序列介绍。从在阿布萨罗卡(Absaroka)山区度过冰冷的夜晚,学会依靠炖兔肉生存开始,到驾驶 T-38s 飞机做过载拉伸飞行,作者描述了各种训练要素,包括预备航天员瞄着成为一名随时能飞的航天员的第一步。第Ⅱ部分也介绍了航天员承担的技术工作、看似遥遥无期的飞行等待,以及概述了未来 20 年航天员将要执行的飞行任务的类型。在详细介绍了包含任务训练在内的各种训练之后,作者通过描述休眠的好处和生物伦理学训练的挑战展望了未来。

第Ⅲ部分,在对高强度的发射前准备工作深入探讨之前,作者概括介绍了美国航空航天局的新型运载火箭和将要运送航天员到国际空间站、月球甚至火星的航天器。在对"幕后"发射团队有了粗略了解之后,读者将能够了解发射前最后十周的任务训练以及直至发射日当天的准备工作。

致　谢

我感到很幸运,因为在本书的撰写过程中,我的妻子多伊娜(Doina)一直在帮我校对。为了使本书行文尽可能流畅和连贯,她一次次竭尽所能地校对。如果本书还存在什么不足之处,那都是我一个人的责任。

我也很感谢五位评论家,他们对本书的内容给予了正面评价。感谢克利夫·霍伍德(Clive Horwood)和他在普拉希斯(Praxis)的团队,他们对本书的出版进行了全程指导。由衷地感谢克利斯蒂娜·克拉斯(Christine Cressy)和布克恩斯(Book Ens),他们对本书细节的关注和耐心极大地促成了本书的出版。还要感谢吉姆·威克利(Jim Wilkie)制作了本书的封面。

如果不感谢我家的两只猫,杰斯帕(Jasper)和迷你马克(Mini Mach),那我的感谢就不完整,是他们给予了我无尽的娱乐和休闲时光。

本书主要献给我的妻子,如果没有她,我将永远没有机会去追逐我的梦想。

本书也献给一直给予我帮助的人们,包括大卫·格兰迪(David Grundy)教授、保罗·恩克(Paul Enck)教授和帕伍兹·库玛(Parvez Kumar)教授。

最后,本书要献给荷伊克(Heike)、罗勒夫(Rolf)、克拉斯蒂安(Christian)、马克(Mark)和其他很多极有资格当航天员但由于目光短浅的政治动机或没有符合要求的护照而失去了展示其具备航天员才能机会的人们。

作 者 简 介

埃里克·希德豪斯(Eric Seedhouse)是一位航空航天科学家,一直期望成为一名航天员。作者在诺森比亚大学(Northumbria University)运动科学专业获得了他的第一个学位,之后加入了传奇的军队第二空降兵团(2nd Battalion the Parachute Regiment),这是世界上最精英的空降兵团。在空降兵部队服役期间,埃里克在伯利兹度过了六个月,学习了丛林作战技巧,沿着伯利兹和危地马拉的边境线巡逻。后来,他在塞浦路斯的阿布萨卡山区(Akamas Range)度过了几个月,学习了解了沙漠作战的错综复杂。他从"大力神"C130(Hercules C130)飞机上跳伞30多次,从直升机上沿绳索下滑200多次,发射了无数次轻型反坦克武器,多到他根本记不住!

回到近乎寻常的学术界后,作者在谢菲尔德大学(Sheffield University)攻读医学科学专业硕士学位。他用参加100千米超远距离长跑比赛赢得的奖金,支持自己的硕士学位学习。在获得1992年世界100千米锦标赛第三名并创造北美100千米记录后不久,作者立即转向超远距离三项全能运动,并在1995年和1996年世界耐力三项全能锦标赛(World Endurance Triathlon Championships)获胜。另外,他还在1995年首届世界双铁人锦标赛(World Double Ironman Championships)中获胜,以及在十倍三项全能赛获胜,该项目是世界上最长的三项全能赛,要求参赛者游泳38千米,骑自行车1800千米,并跑步422千米,中途不能停歇!

再次回到学术领域是在1996年,埃里克在德国航天局航天医学研究所(Institute for Space Medicine)攻读航天医学博士学位。在读博士学位期间,他仍然抽出时间参加并获得了夏威夷超人锦标赛和欧洲超人锦标赛冠军,并完成了穿越美国自行车赛。由于作为世界一流超远距离三项全能运动员所获的成功,埃里克出现在很多杂志和电视采访中。1997年,《智族》(GQ)杂志提名他为"世界上最强健的男人"。

1999年,埃里克认为该找一份真正的工作了。他从职业三项全能运动员退役,开始了在温哥华西蒙·弗雷泽大学(Simon Fraser University)人体运动学学院的博士后研究。在温哥华期间,埃里克获得了飞行员执照,并在休闲时间开始进行爬山、跳伞运动以放松自己。2005年，作者成了拉斯维加斯比奇洛航空航天公司（Bigelow Aerospace）的一名航天员训练顾问，为航天飞行人员编写了训练手册《太空旅行者》（*Tourists in Space*）。他是英国星际学会（British Interplanetary Society）和航空航天医学委员会（Aerospace Medical Association）的成员。最近，他成了加拿大航天局航天员招募活动最后30名候选者之一。埃里克现在是一名载人航天飞行顾问和作家。他计划通过一家私营航天公司进入太空旅游。除了是一名三项全能运动员、空中跳伞运动员、飞行员和作家之外，埃里克还是一名特别喜欢佩戴轻便潜水器潜水的潜水员，他在20多个国家进行了200多次潜水。他最喜欢的电影是导演版本的《刀锋战士》（*Blade Runner*），最喜欢的科幻小说作家是艾伦·斯蒂尔（Allen Steele）和斯坦尼斯拉夫·列姆（Stanislav Lem），最喜欢的科幻小说丛书是《红色小矮人》（*Red Dwarf*）。本书是他撰写的第五本书。在不写作的日子里，他就尽可能多住在夏威夷大岛屿的科纳或者住在挪威桑讷菲尤尔（Sandefjord）他的家里。埃里克和他的妻子及两只猫生活在加拿大的尼亚加拉断崖（Niagara Escarpment）附近。

目录 CONTENTS

第 I 部分 　航天员选拔

第 II 部分　为太空生活做准备

第 III 部分 发射准备

插 图 目 录

知识卡目录

表 格 目 录

缩 略 词

ACES	先进的乘员救生服
ACT	预先概念研究组
AGSM	抗过载操作策略
AI	人工智能
ALTEA	对航天员的长期不利影响
AMP	声学测量项目
APC	人员运送装甲车
AQF	航天员隔离设施
ARC	艾姆斯研究中心
AR&D	自动交会对接
ATV	自动货运飞船
BEES	探测系统仿生工程
BLS	基本生命支持
CapCom	飞行通信联络员
CBT	基于计算机的训练
CEEG	乘员救生装备组
CEV	载人探索飞行器
CEVIS	隔振自行车功量计
CF	加拿大军队
CHeCS	乘员医疗保健系统
CLL	中心视觉丧失
CMO	乘组医务员
CNM	计算机网络建模
CNS	中枢神经系统
COL	乘组物品可选清单
CQRM	乘员资格和职责矩阵表

CRM	乘组资源管理
CSA	加拿大航天局
CSVS	加拿大空间视觉系统
CT	计算机断层扫描术
CTN	乘组训练笔记本
DAM	碎片规避策略
DARPA	国防部预先研究项目
DCP	显示和控制面板
DCS	减压病
DMS	数据管理系统
DoF	自由度
D-RATS	沙漠研究和技术研究
EAC	欧洲航天员中心
ECG	心电图
ECLSS	环境控制与生命保障系统
EDL	进入、下降和着陆
EDR	欧洲抽屉式机柜
EDS	飞离地球级
EEG	脑电图
EES	应急逃逸系统
EET	紧急逃生训练
EMU	舱外机动套装
ENT	耳、鼻、喉
EPDS	电力分配系统
EPM	欧洲生理学模块
ESA	欧洲航天局
EST	弹射座椅训练
ETC	欧洲运载器
EVA	出舱活动
EVCPDS	舱外带电粒子定向分光计
FCB	功能货舱
FCER	飞行乘组装备代表

FCL	飞行乘员许可
FCOD	飞行乘组运营部
FCR	飞行控制室
FD	飞行主管
FEPA	飞行装备处理助理
FIT	最后检查团队
FOR	解算坐标
FSL	流体科学实验室
FTS	飞行终止系统
GCR	银河宇宙射线
GCTC	加加林航天员训练中心
G-LOC	超重引起的意识丧失
GLS	地面发射时序器
GNC	制导、导航与控制
GOR	慢增长率
GRC	格伦研究中心
HAI	低压体验
HEAT	高仿真度环境训练
HMD	头戴式显示器
HMP	霍顿火星项目
HOSC	亨茨维尔运营支持中心
HPS	模拟病人
HRF	人体研究设施
IBMP	生物医学问题研究所
IGF	胰岛素生长因子
ILOB	伊卡洛斯月球观测基地
IMS	库存管理系统
INS	惯性导航系统
IOP	眼内压
IR	红外线的
ISPR	国际标准载荷机柜
ISRU	原位资源利用

ISS	国际空间站
IST	任务专项训练
IVA	舱内活动
IVCPDS	舱内带电粒子定向分光计
JAA	联合航空局
JAR	联合航空要求
JGTF	杰克·加恩训练设施
JSC	约翰逊航天中心
KSC	肯尼迪航天中心
LAS	发射中止系统
LCC	发射控制中心
LD	发射指挥
LEE	终端锁紧器
LEO	近地轨道
LH2	液氢
LLOX	月球液氧
LMA	喉罩
LMESSC	轻型多功能试验支持承载器
LOV	视觉丧失
LOX	液氧
LPS	发射处理系统
LRC	兰利研究中心
LSAH	航天员健康纵向研究
MAG	最强吸水服
MBS	移动基座系统
MCAT	医学院入学考试
MCC	飞行任务控制中心
MCP	机械承压
MDD	多维度空间定向障碍设备
MER	飞行任务评估室
MIT	麻省理工学院
MLC	多媒体学习中心

MMPI	明尼苏达多项人格测验
MMT	飞行任务管理团队
MOI	进入火星轨道
MOL	载人轨道实验室
MRI	核磁共振成像
MRO	飞行任务机械臂操作员
MSFC	马歇尔航天飞行中心
MSFT	多等级体能测试
MSS	移动服务系统
MSSOTS	移动服务系统操作训练模拟器
NBL	中性浮力实验室
NEEMO	美国航空航天局极端环境作业任务
NSBRI	国家空间生物医学研究所
NTD	美国航空航天局测试主管
OBS	即可使用的生物检测系统
OETF	操作工程训练设施
OFK	官方飞行物品包
OIS	可操作的双向通信系统
PBAN	聚丁二烯苯丙烯酮
PDGF	电源数据适配器
PLL	周边视觉丧失
PLSS	便携式生命保障系统
PPC	私人心理会议
PPK	个人喜爱物品包
RDS	俄罗斯对接系统
RHC	可旋转的手臂控制器
ROR	快增长率
ROV	遥控车辆
RRT	快速反应团队
RSO	航区安全员
RSS	旋转服务架
RWS	机械臂工作站

SAR	合成孔径雷达
SARJ	太阳能 α 旋转接头
SCA	模拟控制区
SCTF	索尼·卡特训练设施
SETI	搜寻外星文明研究所
SFU	西蒙·弗雷泽大学
SM	服务舱
SOLO	微重力下钠负荷
SOMD	空间运营任务部
SPE	太阳粒子事件
SRB	固体火箭助推器
SRC	短臂离心机
SSC	斯滕尼斯航天中心
SSMTF	空间站实物模型和训练设施
SSPF	空间站处理设施
SST	单系统训练器
SSTF	空间站训练设施
STFO	航天飞行训练和设施操作
STL	空间站训练负责人
SVMF	航天器实物模型设施
SVP	结构验证计划
SWG	结构工作组
TBA	滚动轴承装配体
TCDT	最后倒计时演练
TCM	轨道修正策略
TCS	热控制系统
TEI	进入地球转移轨道
THC	平移手控器
TIC	热成像相机
TLI	进入月球转移轨道
TORU	遥操作控制系统
TPS	热防护系统

TVIS	隔振跑步机
UPA	尿液处理组件
USA	联合太空联盟
USAF	美国空军
VAB	飞行器总装大楼
VEG	虚拟环境生成器
VR	虚拟现实
VSE	太空探索蓝图
WRS	水循环系统
ZSF	"星辰"航天大楼

第 1 部分

航天员选拔

当"水星"计划（Mercury）首批航天员取得了轰动世界的耀眼成就时，他们立刻就成了英雄。对充满钦佩的公众来说，航天员从事的是充满魅力的职业，他们既是技能娴熟的战斗机驾驶员，也是坚韧不拔的探险者，通常有着电影明星般的名望。许多早期飞行结束时，航天员按例会受邀作客白宫总统办公室并参加盛大游行，公众的这种感性认识由此得到了强化。然而，尽管航天员这么多时间出现在公众视线中，却几乎没有人停下来想知道航天员的角色该如何定义以及航天员申请和选拔要求该如何制定。即使在今天，在人类已实施了诸多载人航天飞行计划之后，尽管航天员也许成了整个联邦最知名的职业，却几乎无人知晓航天员是如何被选拔和训练出来的。

本书的第一部分首先回顾美国航空航天局（NASA）、欧洲航天局（ESA）和加拿大航天局（CSA）航天员招募及选拔过程的历史，然后阐述目前航天员招募的申请程序，最后主要介绍未来执行登月和火星任务的航天员选拔过程。

| 第1章 | 航天员选拔简史 |

1.1　美国航空航天局航天员选拔

　　1958 年 7 月,美国航空航天局在组建航天部门后不久就开始挑选预备航天员。1958 年 10 月,美国载人航天之父罗伯特・R. 吉尔鲁斯(Robert R. Gilruth)收到了同意实施"水星"计划(Project Mercury)的批复,该计划需要组建一支航天员队伍。美国首批航天员的选拔标准相当简单,因为杜怀特・D. 艾森豪威尔(Dwight D. Eisenhower)总统指示要求从军队现役试飞员中选拔航天员。考虑到航天飞行本身固有的危险性(见图 1.1 和表 1.1)和计划潜在的安全性问题,只从军队飞行员中选拔航天员的决策是合理的,正如航天历史学者玛格丽特・维特坎普(Margaret Weitekamp)所作出的结论:

图 1.1　爱德华・怀特(Ed White)执行美国首次太空行走
(由于航天飞行的危险性及"水星"计划和"双子星座"计划的安全性问题,选出
的首批航天员均是军队飞行员。本图中,"双子星座"计划的航天员空军中校爱德华・怀特正
在进行美国首次太空行走。图片来源:美国航空航天局。)

表 1.1 载人航天飞行的危险因素

设备故障	超重
湍流和冲击力	紧急出舱的危险
发射和再入时的冲击力	辐射暴露影响
微重力的生理影响	冷热变化影响
隔离和狭小空间的心理影响	航天器的快速/爆炸减压
火灾和爆炸	驾驶失误导致灾难

"除了拥有军队试飞经验,喷气式飞机驾驶员还掌握了美国航空航天局想要航天员具有的宝贵技能。试飞员习惯于驾驶高性能飞机、发现问题、诊断原因以及与工程师和机械师清楚地交流自己对问题的分析。另外,试飞员还习惯于军队的纪律、等级和命令。他们应该能够接受命令。选择军队喷气式飞机试飞员作为航天员候选人群,使美国航空航天局可以从动机强、技术娴熟和纪律性强的驾驶员骨干队伍中进行挑选。"

1.1.1 "水星"计划航天员选拔

美国航空航天局最早关于航天员的描述如下:

"虽然在航天活动的早期阶段,没有人的参与,卫星也可独自运转,但是航天员将在航天飞行中发挥重要作用。航天员可监视舱内环境,进行必要调整,能连续给出自己的位置、姿态和其他的仪器读数,能实施反应控制,能启动离轨返回,还能操作通信系统。另外,航天员能够做仪器做不了的研究观察,包括生理学、天文学和气象学的观察。"

很多有经验的飞行员根据美国航空航天局对航天员职业的描述,认为美国航空航天局招募的是乘客,而不是航天驾驶员。飞行员还认为乘坐火箭特别危险,有的飞行员给航天员起个绰号叫"罐装火腿"。然而,还是有 500 多名军队飞行员报名应征美国航空航天局首批预备航天员。1959 年 1 月,美国航空航天局从被筛选的 508 份服役记录中,找到了 110 份符合"水星"计划的最低标准:

- 年龄小于 40 岁
- 身高低于 1.80 米
- 身体素质优秀
- 本科学位或者同等条件
- 毕业于试飞学校
- 累计飞行时间 1500 小时

● 有喷气式飞机驾驶员资格

"水星"计划时代,没有用于选出有抱负的航天员的标准化测试。虽然在第一次选拔和后续的选拔中进行了一些测试,但"水星"计划最为人所知的也许是军队领导层在航天员选拔过程中起了作用。事实上,一些有希望的候选人被淘汰,是由于军方为了保持不同军种部门之间的平衡所致。有时候,海军上将和陆军或空军上将甚至会支持他们喜爱的候选人,某些高层领导则会根据个人意见同意或拒绝他们的候选人。

110 名候选人全部到新墨西哥州阿尔布开克(Albuquerque)市的拉芙蕾丝(Lovelace)门诊部进行医学检查。临床医学评估,包括颅脑 X 射线摄影术、心动图、X 射线以及眼科和耳鼻喉科检查。生理检查,包括自行车功量计检查、身体比重的计算(密度法体成分检测)、甚至全身辐射剂量计数。在这一系列检查的最后,拉芙蕾丝的医生们可能进行了有史以来最全面的医学评定工作。

接下来,"水星"计划的候选人在俄亥俄州戴顿(Dayton)市莱特航空发展中心(Wright Air Development Center)的航空医学实验室接受了一系列复杂的试验检查,包括环境研究性试验、身体耐力测试和精神病学的研究性试验。1959 年 3 月,候选人作为被试接受了一系列评估,包括压力服试验、振动试验、噪声试验,更不用说还接二连三地进行了一系列人格和动机评价的心理测试。偶尔,候选人和评估人员要进行游戏,这是一种战术。正是这个战术导致了查尔斯·皮特·康拉德(Charles Pete Conrad)(见图 1.2)在"水星"计划航天员选拔中落选(他最终于 1962 年被选为"双子星座"计划航天员)。例如,在一项心理评估测试中,心理学家向候选人出示一张空白的白色卡片并询问看到了什么。康拉德在进行该测试时,简单地回答说卡片是倒置的!在另一个场合,按要求应把大便样本送到附近的实验室,康拉德却把大便样本放在礼盒里并用红丝带系好。最后,他认定他已经受够了,把灌肠剂药包丢到实验室指挥官的桌上后走了。他想成为"水星"计划航天员的申请随后被否决了,结论是"不适合长期飞行"。

随着在戴顿各项检查的实施,美国航空航天局逐渐将候选者人数减少到仅18 名,再按"水星"计划对候选者技术上的要求进行技术能力评价后,最终 7 人入选。1959 年 4 月 9 日,作为即将飞向太空的第一批美国人,他们出现在公众面前并立刻成了英雄,他们是:

● 约翰·H. 格伦上尉(海军陆战队)John H. Glenn

● 沃特·M. 舒拉上尉(海军)Walter M. Schirra

● 阿兰·B. 谢泼德上尉(海军)Alan B. Shepard

● 斯考特·卡朋特上尉(海军)Scott Carpenter

● 乔丹·库珀上尉(空军)Gordon Cooper

图 1.2　航天员皮特·康拉德

（皮特·康拉德最初想参与"水星"计划，但最终在"双子星座"计划中入
选航天员。图片来源：美国航空航天局。）

- 格斯·格雷思慕上尉（空军）Gus Grissom
- 迪克·司雷顿上尉（空军）Deke Slayton

"水星"计划7勇士的名气迅速扩大到他们所处的领域之外，这种情况并不意外，因为"水星"计划令人瞩目。"水星"计划的基本目的是确定人能否经受火箭发射及在位于不适于居住的太空环境的轨道上生存。从这个角度讲，传统的探险家如沙克莱顿（Shackleton）、伯德（Byrd）、希拉里（Hillary）等，就不能和航天员相提并论。事实上，在公众和媒体的眼中，航天员的形象已经远远超越了以往的探险家①。

1.1.2　女航天员选拔

1960年，美国航空航天局开始实施一项确定女性能否成为航天员的计划。25名女飞行员受到美国航空航天局的邀请，接受与"水星"计划男航天员选拔相同的生理和心理检查。她们中有13人通过了各项检查，并被招入参加"非官方

---

① 汤姆．乌尔夫（Tom Wolfe）在其史诗般的小说《太空英雄》（*The Right Stuff*）中描述了航天员神话般的工作，该小说准确地描述了航天员们如何创造性地有力支持了他们参加的载人航天飞行计划的故事。

的"航天员训练计划。尽管这 13 名女性接受了和男航天员一样的检查、评估和训练,但官方从未宣布她们是预备航天员,也没有安排她们进行航天飞行的计划。据报道,美国航空航天局管理层认为如果女性在航天飞行中受伤或者死亡将会产生负面的公众效应。也有人认为,女航天员参加早期的航天计划,可能会分散难得的资源和公众对男航天员的关注。最终,美国航空航天局于 1963 年终止了首次实施的女航天员训练计划,该计划很快湮没于历史的尘埃中。具有讽刺意味的是,就在同一年,苏联将人类第一位女性航天员瓦伦蒂娜·捷列什科娃(Valentina V. Tereshkova)送入太空。

1.1.3　从"双子星座"计划到航天飞机时代

搭乘一名航天员的"水星"计划,为雄心勃勃搭乘两位航天员的"双子星座"计划铺平了道路。"双子星座"计划需要美国航空航天局选拔第二批预备航天员。尽管"双子星座"计划预备航天员的要求和"水星"计划基本一致,但选拔标准稍微宽松。例如,候选人最高身高从 180.34 厘米(5 英尺 11 英寸)放宽到182.88 厘米(6 英尺),最少飞行时间从 1500 小时放宽到 1000 小时,最大年龄放宽到 35 岁。历史上第一次,民航飞行员和女飞行员可提出成为航天员的申请,虽然这次选拔和未来的几次选拔都对女性开放,但直到 1978 年才有女性入选预备航天员。第二次选拔,9 人入选。

1. 美国空军的 X-20"动力翱翔"计划

当美国航空航天局的载人航天计划还在初期阶段,美国空军已经启动了其研发载人多用途轨道空间飞机(X-20)的计划。X-20 的绰号叫"Dyna-Soar",是"Dynamic soaring"(动力翱翔)的缩写。"动力翱翔"是指飞行器使用火箭推进和空气升力组合推进方式以达到很高飞行高度。虽然该项目在单人试飞前被取消,但美国空军为该项目选了 6 名航天驾驶员。

2. 美国航空航天局第三批选拔

当"双子星座"计划还在发展阶段时,美国航空航天局就着手准备更加雄心勃勃的三人乘组的"阿波罗"计划。"阿波罗"飞船设计需将三名航天员送到月球并返回地面。该计划需要更多的航天员,因此美国航空航天局启动了第三批航天员选拔工作。"阿波罗"计划萌芽期对航天员候选人的要求与第二批选拔要求完全相同。第三批选拔,从大约 400 名候选者中选出了 14 名。

3. 美国航空航天局第四批选拔

随着"阿波罗"计划的进展,美国航空航天局受到越来越多的批评称航天员队伍被军队飞行员独占。为了回应这种指责,美国航空航天局对外选称需要

"科学家航天员"候选人。选拔基本要求与以前几次选拔相似,但取消了最低飞行时间要求。而增加的条件是,科学家航天员需要获得自然科学、医学、工程博士学位或者等同学历。大约有1500名的科学家航天员候选人向美国航空航天局第四批航天员选拔计划递交了申请,其中凡是配戴眼镜的在申请时立刻就被淘汰。最后,仅选出6名科学家航天员。

4. 美国空军载人轨道实验室

美国空军在研制第一架空间飞机X-20的同时,他们还尝试研制美国第一个空间站,即后来被称为载人轨道实验室,但是载人轨道实验室(Manned Orbiting Laboratory,MOL)计划生不逢时,和X-20一样也没有进行飞行。

载人轨道实验室项目的立项实施要感谢国防部长罗伯特·马克纳马拉(Robert McNamara),因为他在1963年12月10日批准了该计划,而同一天他砍掉了X-20计划。美国空军计划在1971年发射载人轨道实验室并投入运行。作为实验室舱段,"载人轨道实验室"能够为两名航天员乘组提供穿衬衫工作的环境。通过改装的"双子星座"飞船,航天员将被送往"载人轨道实验室"并返回地面。飞船的改装,是在飞船尾部热防护罩加装了一个舱门与载人轨道实验室乘员转移通道相连用于乘员进出。因为载人轨道实验室涉及载人航天飞行,需要航天驾驶员,因此需要选拔更多的航天员。虽然载人轨道实验室的航天驾驶员选拔要求和美国航空航天局航天驾驶员的选拔基本相同,但一旦入选,航天员将被送到航空航天研究驾驶员学校进行适应载人轨道实验室计划的训练,而并不是进行常规的航天员训练。

5. 美国航空航天局第五批选拔

随着"阿波罗"计划的进行,美国航空航天局需要更多的航天驾驶员,因此进行了第五批航天员选拔,选出了19名预备航天员。

6. 美国空军载人轨道实验室计划第二批和第三批选拔

美国空军在准备进行载人轨道实验室第一次试验飞行时,又为载人轨道实验室计划选拔了第二批航天员。两批航天员在投入训练的同时,载人轨道实验室计划的首次试验飞行取得成功。1966年11月3日,"双子星座"无人飞船由"泰坦"Ⅲ-C(Titan Ⅲ-C)型火箭从卡纳维拉尔角发射升空。"泰坦"Ⅲ-C型火箭将飞船送入太空,然后又将它送入一个高速弹道式返回轨道。载人轨道实验室首次任务的成功加上计划的发展契机,促使美国空军着手进行第三批航天驾驶员选拔。

7. 科学家航天员

美国航空航天局对第四批选出的科学家预备航天员素质感到不满意,因此他们策划再次选拔具有更多科学专长的航天员。这次选拔共选出11名。与此同时,载人轨道实验室计划于 1969 年突然被取消,因为五角大楼认为载人轨道实验室计划效益可能和高成本不匹配,而且会威胁美国航空航天局正在进行的科研项目。载人轨道实验室计划的 7 名航天驾驶员转至美国航空航天局,他们中的一些人,如鲍勃·科瑞鹏(Bob Crippen,见图 1.3),继续从事航天员的职业,为后续航天飞机计划的发展和改进做出了重大贡献。

图 1.3　鲍勃·科瑞鹏在检查载人轨道实验室计划的航天服

(在载人轨道实验室计划中止前,科瑞鹏被选为该计划的航天员。他后来于1981 年 4 月参加了美国航空航天局航天飞机任务的第一次飞行。图片来源:美国航空航天局。)

8. 航天飞机计划航天员选拔

航天飞机计划的启动(见图 1.4),需要新的一批航天员候选人。尽管美国航空航天局在前面计划中储备了许多航天员,但航天飞机计划最初雄心勃勃地预告每年发射高达 60 次,需要比目前更多的航天员。

美国航空航天局把航天飞机计划航天员分成三类,分别是航天驾驶员,任务专家和载荷专家。航天驾驶员细分为航天飞机指令长和航天飞机驾驶员。1978年美国航空航天局完成了第八批航天员选拔,作为执行航天飞机任务的首批航天员。此后,为航天飞机计划制定的航天员选拔标准几乎没有变化。

航天驾驶员的选拔标准要求申请者具备正规院校的工程学、生物学、物理学或者数学等学士学位。拥有更高学位则更佳,还要有至少 1000 小时的机长飞行时间和试飞飞行经验。航天驾驶员也要求达到美国航空航天局航天身体要求Ⅰ级标准,包括最低视力无矫正 20/50、矫正后 20/20,静坐状态血压最高值 140/90 毫米汞柱(1 毫米汞柱 = 133.3 帕),身高最低 5 英尺 4 英寸,最高 6英尺 4 英寸。

任务专家必须具备正规院校的工程学、生物学、物理学或者数学等学士学位。获得这些学位后,要有至少 3 年相关专业工作经历,但更高学历也许可代替工作经历。任务专家候选者必须要达到美国航空航天局航天身体要求Ⅱ级

图 1.4 航天飞机计划启动

(航天飞机计划的启动需要新的一批航天员。1978 年美国航空航天局选出的第
八批航天员成为执行航天飞机计划的首批航天员。图片来源：美国航空航天局。)

标准，包括最低视力无矫正 20/150、矫正后 20/20，静坐状态血压最高值 140/
90 毫米汞柱。经联邦政府规定，美国航空航天局不能规定航天员候选人的年
龄范围。

载荷专家不是美国航空航天局的常备航天员，而是仅仅被雇用于执行单次
任务。载荷专家拥有特定有效载荷的专业知识和技能，他们和选定的乘组一起
为执行单次任务而训练。因此，每个载荷专家的资质都不相同。作为载荷专家
(有些人认为是乘客)飞行过的航天员包括：美国参议员济科·甘(Jake Garn)、
美国众议员比尔·纳尔逊(Bill Nelson)和美国参议员约翰·格伦(John Glenn)。

1.2　加拿大航天局航天员选拔

由于美国航空航天局承诺加拿大航天员可作为载荷专家参加航天飞机飞
行，加拿大航天员选拔委员会，其成员来自加拿大国家研究委员会(National Re-
search Councile of Canada，NRC)，于 1983 年进行了加拿大首批航天员选拔，最
终选出了 6 名航天员。历时 5 个月，加拿大航天局于 1992 年 6 月完成了第二批
航天员选拔，选出了 4 名航天员。2008 年 5 月，加拿大航天局进行了第三批
航天员选拔，招募 2 名新成员补充航天员队伍。航天局在长达 1 年的选拔过程中
收到了 5351 份申请，是国家航天局史上最严格和要求最高的选拔。一年后，
2009 年 5 月 13 日，加拿大航天局宣布入选者将从 2009 年 8 月开始和美国航空
航天局新的一批航天员一起进行训练。

1.3　欧洲航天员选拔

1978 年,欧洲人创造了欧洲载人航天飞行的历史,这一年,来自德国(前民主德国)的西格蒙德·雅恩乘坐苏联"联盟"(Soyuz)31 号飞船飞往"礼炮"(Salyut)6 号空间站,成为进入太空的首位欧洲人。1977 年至 1978 年,欧洲航天局进行了第一批航天员选拔。选拔缘于 1973 年欧洲航天局和美国航空航天局达成的一项协议,由欧洲航天局向美国航空航天局提供第一个可重复使用的科学实验室(用航天飞机的货舱运载),即"空间实验室"(Spacelab),换取欧洲航天员航天飞行的机会。此次选拔,欧洲航天局选出了 3 名航天员,其中一位是沃尔夫·梅博尔德(Ulf Merbold),他有幸成为首位搭乘航天飞机(STS-9)执行为期10 天"空间实验室"1 号任务的欧洲航天员。

20 世纪 80 年代,欧洲航天局航天员在执行航天飞机任务的同时,欧洲航天局的成员国也分别进行了各自的航天员招募。这些国家招募的航天员中,许多人乘坐苏联"联盟"号飞船飞往"和平"号(Mir)空间站,或作为载荷专家参加美国航天飞机任务。1990 年,欧洲航天局认为有必要扩大自己的航天员队伍,于是成立了欧洲航天员中心(European Astronaut Center,EAC)。这一举措是为了响应最终与欧洲对国际空间站的贡献相匹配而开展的研制项目和研究,包括2008 年 2 月发射升空并与国际空间站(International Space Station,ISS)组成一体的"哥伦布"(Columbus)实验舱。

1991 年至 1992 年,欧洲进行了新一轮的航天员选拔。首先,由欧洲航天局各成员国进行选拔,可分别向欧洲航天局推荐最多 5 名候选人参加最终选拔。所有成员国共收到 22000 多份申请,其中 5500 份符合初选标准。在各成员国进行了心理、医学和技术筛选后,欧洲航天局确定了 59 名候选人进入欧洲航天局的最终选拔。从最后的候选人中,欧洲航天局招募了 6 名航天员。其中 4 名航天员在欧洲航天员中心开始进行基础训练,后来为搭乘俄罗斯的"联盟"号飞船飞往"和平"号空间站进行训练。另外 2 名航天员被送往美国航空航天局与美国航天员一起进行航天飞机任务专家的训练。

1998 年,即目睹了国际空间站最初两个组件发射升空的那一年,欧洲航天局决定将成员国的大部分航天员整合成一支欧洲航天员队伍。十年以后,由于航天员退休或者转到欧洲航天局其他岗位任职的原因,欧洲航天员队伍人数缩减到 8 位。由于计划载人登月,欧洲航天局决定再进行一次航天员选拔。欧洲航天局 2008 年的航天员选拔,首次采用了在全欧洲范围内由申请人在网上提交申请无需各成员国预选拔的模式。欧洲航天局收到了 8000 多份申请,于 2009

年 5 月从中选出了 6 名航天员。考虑到未来月球和火星载人探险计划,欧洲航天局已经宣布计划于 2014 年进行另一批航天员选拔。

尽管历史上首批航天员全部是军队男试飞员,但是今天的航天员队伍中有驾驶员、科学家和任务专家。然而,所有的航天员,无论是 50 年前选出的还是最近选拔的,被选中的原因都是因为他们能力超常、技艺超群、训练有素。他们属于一个独特的精英群体,他们为自己属于如此令人尊敬的团队感到自豪,任何人在其中都会感到自豪。在下一章我们将看到,无论是当代还是约翰·格伦和皮特·康拉德所处的年代,成为一名航天员所面临的挑战都是艰巨的。

参考文献

[1] Weitekamp, M. A. The Right Stuff, The Wrong Sex: The Science, Culture, and Politics of the Lovelace Woman in the Space Program, 1959-1963, Ph. D. Diss., Cornell University, p. 98 (2001).

第2章 航天员素质要求和申请程序

"你想成为下一代航天探索者吗？那你就是加拿大航天局想要寻找的人。你将有可能被加拿大航天局选中并成为航天员队伍两名新成员之一，或者入选合格候选人库以备将来选用。

我们正在寻找阅历丰富的优秀的科学家、工程师和/或医生。加入加拿大航天员队伍的候选人必须具备创造力、多样才能、团队精神和探索精神等素质。为满足训练和航天飞行的身体素质要求，候选者须证明拥有良好的体能和身体健康。"

加拿大航天局招募海报

2008 年 6 月 26 日

这是世界上最不寻常的招募广告。说到"航天员"，人们会立即想到尼尔·阿姆斯特朗(Neil Armstrong)在月球上漫步或航天员坐在航天飞机顶部等待发射的场景。这是一个总是让人联想到英雄及英雄壮举的职业。但作为航天员并不是时刻拥有魅力和荣誉。相反，通常情况下航天员在太空中的时间并不多。实际上，由航天员谢尔盖·克里卡廖夫(Sergei Krikalev)创造的在太空中飞行时间累计最长是 803 天，总时间也不大于 2.5 年。许多人的职业生涯有 30 年或更长的时间，2.5 年听起来并不多。那么，除了航天飞行，航天员们在其余时间里都做什么呢？

大部分航天员是公务员。作为公务员，就像其他办公室工作人员一样，他们必须参加会议，参加训练，撰写报告。然而，他们却拥有某些他们职业独特的专业技能。虽然机会很少，但他们依然很享受飞往太空并在太空工作的机会！从这个角度来看，航天员们可以被看作是普通的、平凡的政府雇员，只是他们需要大量地往返于世界各地和太空。然而，事实上，这个职业非同寻常，没有任何职业可以与之相提并论。

首先,航天员职业伴随着高风险。截至 2009 年 7 月,已有 500 人①进入太空,其中 18 人在任务中牺牲。这个 3.74% 的死亡率使每个人都会认识到,航天员是最危险的职业之一②。与此相比,美国作战部队在 2003—2006 年的伊拉克战争中死亡率是 0.39%,在 1966—1972 年的越南战争中死亡率是 2.18%。除了这令人惊惧的风险,这个职业伴随着疯狂的工作时间、折磨人的旅行(虽然有时是在太空中!)和相当不错但并不离谱的收入。除了上面不太符合人们预期的描述外,还有令人气馁的入选概率(图 2.1),那么人们不禁要问:为什么要当航天员呢?

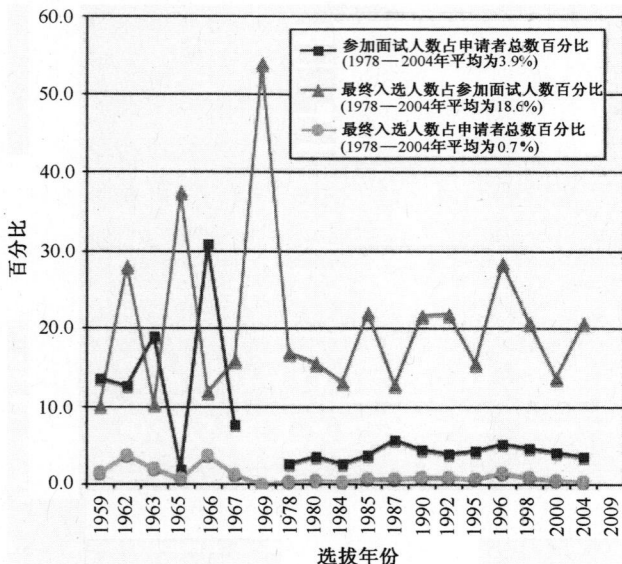

图 2.1　美国航空航天局航天员申请者选出率(图片来源:美国航空航天局。)

梦想当航天员的人之所以愿意参加时间长达一年的招募和选拔,最主要的原因可能就是单纯地出于对太空的热爱,其次是希望尽力为人类做贡献的愿望。第三个动力是能够和优秀的人一起工作、分享同样的梦想、共同推动人类的太空之旅走向更远。由于这些激励因素,风险高和时间长就不再是顾虑。这也是为什么尽管航天员职业挑战极大、入选机会极小(见图 2.1),但美国航空航天局、

---

① 第 500 位进入太空的是美国航空航天局的任务专家克里斯·卡西迪(Chris Cassidy),一位来自海军海豹突击队的航天员,他搭乘"奋进"号航天飞机于 2009 年 7 月 15 日发射升空,执行航天飞机第 127 次飞行任务(STS-127)。

② 这个风险相当于每天有 400 架波音 747 撞毁,或是每天有 197000 名乘客死于灾难。

加拿大航天局和欧洲航天局从不为缺少航天员发愁的原因。

2.1 基本条件

那些认真对待提交申请的申请者,通常用至少 10 年甚至更长时间以取得必要的参选资质。然而,只有优秀的教育背景还不足以获得选拔委员会的青睐。航天员在工作中必须执行大量的任务,因此需要多才多艺的候选人。

2.1.1 学历

虽然对航天员申请者的最低学历要求是学士学位(见知识卡 2.1),但实际上,除非你恰巧是飞行员,否则最少需有哲学博士学位才有竞争力(有些候选人既有哲学博士学位又有医学学士学位!)。事实上,仅仅拥有一个哲学博士学位不足以保证申请者能进入初步面试阶段。想要被选拔委员会当作重要的候选者,除拥有哲学博士学位外还需有出色的专业研究背景。如果申请者有志成为最后专家组面试的 15~20 名候选人中的一员,即使有出色的专业背景也不够。要引起选拔委员会注意,申请者必须在个人简历中说明已经发表的研究论文,或者创作出版的书籍、参加会议的论文、开拓的新研究,或者已经申请的一两个专利。

知识卡 2.1　加拿大航天局航天员选拔总要求

(1)申请者必须是加拿大公民或者定居加拿大常驻居民。

(2)因为航天员需要进行专业领域广泛的科学和技术工作,所以未来的候选人必须拥有加拿大承认的下列专业领域之一的学士学位:

○工程学或者应用科学

○理科(例如物理学、化学、生物学、地理学、数学、计算机科学等)。

○获学士学位后必须有至少两年从事相关专业的工作经历。

或者,获学士学位后取得了加拿大承认的下列专业领域之一的硕士学位或博士学位:

○工程学或者应用科学

○理科(例如物理学、化学、生物学、地理学、数学、计算机科学等)。

或者:

有在加拿大的一个省或加拿大境内的行医执照。

医学要求

申请者必须符合严格的医学标准才能入选。申请者须接受加拿大航天局组织的医学体检，具体要求如下：

- 站立身高须在149.5~190.5厘米之间。
- 单眼裸眼或者矫正视力须是20/20(6/6)以上。
- 视力最大限度同样适用于睫状肌麻痹性屈光不正和散光矫正后。
- 允许有屈光矫正手术史，如屈光性角膜切削术(PRK)或者激光原位屈光性角膜磨镶术(LASIK)手术。进入最后定选的候选人需提供手术治疗情况报告。加拿大航天局不建议潜在的候选人仅仅为了申请成为航天员而进行激光矫正手术。
- 坐位血压不得超过140/90毫米汞柱。
- 满足以下纯音测试的听力阈值：

频率(赫兹)：500,1000,2000,3000,4000

任何一只耳(分贝)：30,25,25,35,50

雇用条件

- 该工作需要经常出差和更换驻地。
- 该工作须经受录用前安全调查。
- 候选人必须接受录用前医学检查。

2.1.2　健康与体格

优秀的身体条件同样重要。航天员必须经历密集的训练并可能参加6个月甚至更长时间的航天飞行。航天飞行期间，航天员的身体要承受巨大的压力，例如骨丢失和肌肉萎缩。能够应对这些压力显然需要健康的身体和健全的头脑，因此申请者需要具有高于平均水平的健康状态。尽管在航天飞机时代，有些医学标准较为宽松，因为典型的航天飞机任务飞行时间都较短，但随着国际空间站远征类任务启动，医学标准将比以往更加严格。这些标准的变化只是反映了这样一个事实：从统计上来讲，随着任务时间的延长发生医学事件的风险增加。例如，对短期飞行的航天飞机任务专家来讲，在飞行中出现肾绞痛症状是可接受的，但对远征类任务则不合格。这是因为飞行前的超声检查能够排除体内有明显结石的人员，而在10~14天的航天飞机任务中又产生结石的概率很小。虽然大多数人自认为身体健康，但加拿大航天局1992年航天员招募活动的一些统计结果(见表2.1)值得关注，这是对最符合条件的337名申请者进行问卷调查的结果。

表 2.1　1992 年加拿大航天局航天员选拔医学不合格问题统计

不合格原因	人 数	比例
视力问题	105	31
偏头痛史	12	3.6
甲状腺失调	5	1.5
耳/听力问题	4	1.2
肺部问题/哮喘	3	0.8
多种疾病(1 人 1 个),包括霍奇金病、多发性硬化、克罗恩氏病、癫痫、肥胖症、眩晕等其他病症	16	4.7
总计	145	43

注:数据基于 1992 年加拿大航天局选拔航天员的 337 份医学问卷调查结果

2.1.3　经验与技能

我在递交的航天员申请简历中把这部分称为"业余爱好经历"。除了教育背景,航天局看重的最重要的技能之一可能就是飞行经历。他们期望申请者至少拥有私人飞行执照(在加拿大航天局选拔中,最终入围的 16 名候选人中有 8 人是职业飞行员)。若申请者除了拥有商用飞行执照外,恰好还拥有多引擎和/或仪表飞行执照那就更好。以前有飞机操作经验的申请者,尤其是试飞员或飞行工程师,则会额外加分。

其次,各航天局还希望申请者拥有与航天员职业相关的技能。拥有跳伞经验是有利的,因为这是某些应急中止情况下航天员可能必须使用的技能。当航天员在中性浮力实验室(NBL)训练时,经常使用的另一个技能是轻装潜水。实际上,对于那些没有轻装潜水资格证书的航天员来讲,潜水是他们在基础训练期间首先要学习掌握的技能之一。

2.2　理想的品质

除了一名潜在的航天员候选人必须具有的名副其实的资格条件外,各航天局也关注一名理想的航天员应具有的品质。

2.2.1　耐心

耐心是所有航天员所必须具有的一个优点。用十多年的时间积累申请所必须具备的资格,大多数申请者已经证明了具有这个品质!航天员除了要执行漫长的试用期的训练计划外,在被选中执行飞行任务前,也必须准备用数年时间从事各种技术工作,如果被选中执行飞行任务,还要进行长达18个月或者更长时间的训练。有些航天员自入选以来直到发射升空的那一天,已经等待了10年甚至更长的时间(罗伯特(鲍勃)·瑟斯克,见图2.2,等待了13年才进行首次飞行)。即使那些在职业生涯中有幸执行了3次或4次飞行任务的航天员,通常在两次任务期间也等待了5年或6年。在后航天飞机时代,具有足够的耐心甚至更为重要,因为飞行的机会更少了。在航天飞机时代,新的航天员可期待在通常长达10~12年职业生涯中能够执行2~4次飞行任务。曾经在几年中有多达50名航天员执行航天飞行任务,但是随着航天飞机于2010年退役,即使国际空间站长期考察组数量增多,每年最多也只有12人次。对新一代航天员来讲,典型的职业生涯中只有1~2次的飞行机会。这也许听起来像付出巨大回报很少,但根据申请人数判断,飞行任务机会的缺乏对2008-2009年美国航空航天局、加拿大航天局和欧洲航天局的航天员招募活动影响很小。

图 2.2　加拿大航天局航天员鲍勃·瑟斯克(Bob Thirsk)

(等待飞行可能是一个漫长的过程。图中正在训练的是加拿大航天局航天员鲍勃·瑟斯克。
他于1983年12月入选,但直到1996年6月才首次飞行。图片来源:加拿大航天局。)

2.2.2　多才多艺

"一个人应该会换尿布,也会策划进攻,会杀猪,也会驾船,会设计建筑物,也会写诗,能平衡收支,也会砌墙,会接骨,也会安慰垂死的人,能执行命令,也能发布命令,能与他人合作,也能独自行动,能解方程,也能分析新问题,会施肥,也会电脑编程,会烹饪美味佳肴,也能高效战斗,更能勇敢地面对死亡。而只有昆虫才具有单一的专门技能。"

——罗伯特·A. 海因莱因《时间足够你爱》

(Robert A. Heinlein, *Time Enough for Love*)

尽管航天员不需要精通罗伯特·A. 海勒因列出的所有技能,但多才多艺是各航天局选拔航天员时要求的关键品质。美国航空航天局、加拿大航天局和欧洲航天局都青睐拥有高水平的技术能力和团队工作能力的多才多艺的申请者。选拔团队在寻找既能从事科研工作又能操作诸如加拿大机械臂2(Canadarm2)等操纵器并有体力能承受令人筋疲力尽的太空行走的候选人。基于这些要求,申请者要达到标准并展现其拥有所有那些才能是困难的。但众多方面的资格要求是必要的,因为对任何航天局来讲,训练一名航天员的投入相当可观,并且在飞行前和飞行过程中的支持费用都很高;例如,在航天飞机退役后,俄罗斯要求美国航空航天局为"联盟"号飞船的一个座位支付5100万美元! 此外,计划和组织一次航天飞行任务需要用数年的时间,且航天员和飞船的准备工作也需要数百人,因为航天员对飞行任务的成功至关重要而飞行次数如此有限,因此航天局显然要确保那些入选者将能充分利用好他们在太空度过的宝贵时光。

2.2.3　高成就者

一个多才多艺、有耐心、有飞行资格、会跳伞、会轻装潜水、有博士学位且也具有前面描述的各种必备资格条件的申请人,会有一个良好的开端,但即使拥有这些能力素质也不足以保证进入面试环节。那些入选为航天员的申请者也需要是高成就者。你也许认为集所有那些资格条件于一身的候选人就一定能进入航天员队伍,但航天局期望候选人还有额外的优点;他们寻找那些在其工作专业领域之外有显著成就的申请者。例如,在加拿大航天局航天员选拔中,有一名申请者是医生,曾攀登过珠穆朗玛峰;还有一个是战斗机飞行员,参加过奥林匹克运动会田径赛。

2.2.4　心理素质

各航天局特别重视的另一个品质是心理素质。新的航天员将和乘组其他5名成员一起在狭小空间里度过几个月的时间。不言而喻，心理品质要求应该包括与他人相处融洽的能力、融入团队工作的能力和适应性。因此，想要获得最后专家组面试的机会，雄心勃勃的航天员需要展现平稳的性格和高度的自控力。从实际操作的角度考虑，各航天局寻找那些能迅速适应状态变化以及能做出成熟判断的候选人，因为这些素质有助于执行任务和优化在轨日常活动和程序。各航天局也寻找那些能控制好自己的紧张情绪并在飞行情景中处于危险情况下也能控制好自己的候选人。有些申请者，如战斗机飞行员和急诊医生，他们的心理素质已经得到了证明；因此2009年加拿大航天局选出的两个候选人，恰巧一个是飞行员而另一个是医生，这绝非巧合！

2.2.5　公共关系

航天员在太空中度过的时间仅仅是他们职业生涯的一小部分，当他们没有为下次任务进行训练时，他们经常为航天局做公关工作。航天员自然拥有作为公共关系官员的角色，因为媒体和公众自然而然地对他们的生活和任务感到好奇。这意味着航天员必须乐于与公众和媒体见面，并且能够与之交流他们太空任务的重要性。因为航天员经常作为他们航天局的代言人，所以对进入选拔最后环节的几个候选人来讲，个性必然是很重要的选拔标准。航天员们不仅必须作为他们的航天局和国家在国际上的形象大使，而且他们也必须处理科学、技术和探索方面的复杂问题，以及以令年轻学子们激动的方式进行讲解。

除了能用母语交流外，航天员们被期望至少掌握一门外语。考虑到目前航天局之间存在国际合作，语言能力要求是必要的。流利的英语是强制性要求，熟知俄语则是优点，因为这对在俄罗斯航天员中心的训练有所帮助。对美国、俄罗斯和日本文化感兴趣并有所了解也是有用的，因为这能促进与国际空间站伙伴的良好关系。

2.3　申请程序

一旦候选人达到了基本条件，且具备航天局期望的素质，他们就可开始艰辛的申请过程了。即使那些已经数十年想当航天员的人，申请过程看起来也令人气馁,尤其是如果你恰巧不是美国公民(被选为加拿大航天局或欧洲航天局航天员的机会小于美国人被选中机会的十分之一)。用一生中最好的二十年或更多时间积累经验和能力,仅能够提交一份有竞争力的申请,申请者必须经历一系列初步面试、身体和心理测试,以及其他各种评估。即使对于那些极为合格的申请者,真正成为航天员的机会还是小概率,但却比不申请者要高得多。如果你不申请,你百分之百不会入选。这倒是确定的数字!

一旦提交了申请,就是等待参加第一阶段选拔的通知。虽然各航天局都在寻找可能的最佳人选,但选拔方法不尽相同。例如,美国航空航天局要进行专家组面试以及常规身体素质、医学和协调性检查,与欧洲航天局所用的选拔方法相似。相比之下,加拿大航天局的选拔是迄今为止世界上最严格的选拔①,要求申请者进行多种检查,其中很多检查都在军事训练营内进行,这并没有什么不妥当,下一章将详细介绍。

---

① 2009 年,美国航空航天局、欧洲航天局和日本航天局派出观察员观看加拿大航天员选拔。

第3章 选拔实施

3.1 入选世界上最好职业所经历的考验

想要入选美国航空航天局的航天员极为困难,但如果你是加拿大人或者欧洲人,入选航天员的机会就更加微乎其微。美国人非常幸运,他们的航天局几乎每四年进行一次航天员选拔,而加拿大人或欧洲人既要面对少得令人沮丧的选拔次数,还要面对每次小得可怜的选出率。

2008 年,美国航空航天局、加拿大航天局和欧洲航天局都启动了航天员选拔。对有志进行航天飞行的美国人来说,等待选拔的时间仅仅是四年。而欧洲人和加拿大人等待的时间相当长,他们上一次选拔是在 1992 年。面对航天员选拔的挑战,令申请者更加望而却步的事实是:加拿大航天局计划只选拔 2 名航天员,而美国航空航天局的计划是 15 名(实际上最终选出了 9 名航天员和 7 名教师航天员)。同时,在大西洋彼岸的欧洲航天局宣布只选拔 4 名(结果选了 6 名)。在申请截止日期到期时,按照国家区分,即根据你是美国人、加拿大人或者欧洲人,可大致计算入选航天员的概率。美国航空航天局 16 个名额有 3535 人申请,意味着成为航天员的概率大约是 0.4%(或者是 235 人中选拔 1 人),欧洲航天局 4 个名额有 8413 人申请,意味着成为航天员的概率大约是 0.04%(或者是 2103 人中选拔 1 人)。然而,与他们相比,入选概率最小的是可怜的加拿大人,2 个名额有 5351 人申请(或者是 2676 人中选拔 1 人)。

3.2 美国航空航天局航天员选拔

美国航空航天局最初收到的 3535 份申请中,数百人因不符合申请条件要求而淘汰。经过更全面的资料复查后,120 名申请者接到了于 2008 年 10 月前往约翰逊航天中心(Johnson Space Center, JSC)的邀请。航天员选拔办公室负责和申请者联系,按计划安排提前一周通知他们到约翰逊航天中心报到。在这个选拔阶段,分别按每周两批、每批 10 人对申请者进行评估,全部完成需要 6 周时间。

2008 年选拔过程

评估工作计划的第一件事(见表 3.1)是选拔办公室组织的情况介绍和欢迎活动。活动通常由航天员选拔委员会的主席和副主席主持,这次分别是航天员佩吉·威特森(Peggy Whitson)、斯蒂芬·林达斯(Steven Lindsay)。他们负责向申请者说明航天员的职业特点与要求以及初选的淘汰率。在航天员职业简要介绍后,候选人被分成两个组,每组 5 人,参观飞行飞行任务控制中心、国际空间站实物模型和航天飞机。然后用 3D 激光测量系统测量一系列人体参数,以确定每名候选人的身材适合进入"联盟"号飞船。完成人体参数评估后,进行机械臂评价,以评价候选人三维空间推理技能、情景感知能力和完成多重任务的能力。

表 3.1　美国航空航天局航天员选拔日程安排

日　期	选　拔　过　程
2007 年 9 月	在"USAJOBS"上发布航天员招募通告
2008 年 7 月 1 日	报名结束,共收到 3535 份申请
2008 年 9 月–11 月	对申请者进行资格审查,筛选出了 450 名高素质的申请者。给申请者的管理者/介绍人发资格调查表,通过邮件通知地方的申请者提供联邦航空局(FAA)的医学检查结果
2008 年 10 月到 2009 年 1 月	筛选出 120 名高素质的申请者参加面试
2008 年 11 月到 2009 年 1 月	参加面试的申请者来到约翰逊航天中心,每批 10 人、为期 2.5 天,进行初次面试、医学评价以及见面会; 从高素质的申请者中选出参加面试的人选,并每周通知来参加面试的人员
2009 年 2 月	选出最终入围的 40 名候选者
2009 年 2 月–4 月	最终入围的申请者在约翰逊航天中心参加进一步的面试和医学评价(1 周时间)
2009 年 6 月	宣布选出的 2009 级预备航天员
2009 年 8 月	2009 级预备航天员到约翰逊航天中心报到

第二天首先进行一系列书面心理测验,要求申请者回答数千条简短问题以评估其社交能力、团队协作和其他多项心理指标。在用 5 个小时答题后,申请者要填写医学问卷调查报告,之后有机会与航天员力量和健身训练组进行体能训练。

第三天进行 1 小时的专家组面试,由航天员选拔委员会主持。为了向 12 名委员介绍自己,每位申请者都写下希望成为航天员的 3~5 条理由(相比之下,加拿大申请者必须写 1000 字的短文陈述！）。面试开场的问题通常是"请从高中开始介绍一下自己吧"，之后会针对申请者想当航天员理由的相关主题进行探讨。

2008 年 3 月，选出了 40 名候选者进入下一阶段选拔，主要是进行为期一周的医学检查（见表 3.2）。40 名候选者被分成两组，一组在第一周进行医学检查，另一组在第二周进行。

表 3.2　美国航空航天局临床医学检查项目与内容

项目	内　　容
1	临床病史 a. 美国航空航天局医学调查 b. 问卷调查
2	体格检查 a. 一般体格检查 b. 人体测量学（人体生物计量评估） c. 肌肉质量 d. 盆腔检查和子宫颈涂片检查 e. 直肠-乙状结肠镜检查（从肛门进入部分直肠侵入式检查）
3	心肺评价 a. 既往病史和检查 b. 体能测试 c. 运动负荷试验 d. 血压测量 e. 静息心电图与 24 小时心电图 f. 心脏超声检查（超声波技术产生 3D 心脏影像）
4	耳鼻喉评价 a. 既往病史和检查 b. 听力测量 c. 鼓室压测量（检查中耳功能，不是听力测试，而是测量中耳传递声能量能力）
5	眼科评价 a. 视力检查，散光和适应性 b. 颜色和深度感知能力 c. 隐斜视检查（双眼盯住固定物体，在没有刺激时两眼的相对方向） d. 眼压测量（眼科医生按程序测量眼内压——眼内液体压力） e. 视野测量（通过检测特定目标在规定背景的位置，系统性测量视野内不同的光敏性）和视网膜成像 f. 内窥镜检查

（续）

项目	内　　容
6	牙科检查 a. 全颌曲面断层照相(二维口腔上下颌的两耳间半圆 X 光图像)和两年内的全口牙科 X 光图像
7	神经科检查 a. 既往病史和检查 b. 静息脑电图
8	精神病学/心理评价 a. 精神病学晤谈 b. 心理学测试
9	放射科评价 a. 胸部 X 光检查 b. 鼻中隔偏曲 X 光检查 c. 乳腺 X 光检查 d. 医学辐射暴露史和访谈 e. 腹部和泌尿系统的超声图像检查(用于观察皮下身体结构的基于超声的诊断成像技术)
10	实验室检查 a. 全血象检查(血液检查,包括血红蛋白水平、红细胞压积和血细胞计数) b. 血生化 c. 免疫学 d. 血清学(血清的科学研究,该术语通常是指诊断鉴定血清中的抗体) e. 内分泌学 f. 尿液分析 g. 24 小时化学检验 h. 肾结石镜检 i. 尿液内分泌学 j. 尿常规 k. 大便常规 l. 便潜血 m. 虫卵和寄生虫
11	其他项目 a. 药物筛查 b. 结核菌素皮内试验(结核分枝杆菌检测) c. 微生物、真菌和病毒检查 d. 妊娠检查 e. 性病筛查 f. 腹部超声图像

第 I 部分　航天员选拔

最终于 2009 年 6 月 29 日,美国航空航天局选出了 9 名预备航天员(见表 3.3),3 周后,又宣布选出另外的 7 名教师航天员的候选者(麦克·施密特,斯蒂芬·海克,吉姆·库欧,勒奈特·奥利弗,钱特勒·罗丝,雷夏儿·曼泽,毛里恩·阿达姆斯,见图 3.1)。

表 3.3　美国航空航天局 2009 级预备航天员

名　字	年龄	资历背景
昔日纳·M. 奥农 (Serena M. Aunon)	33	以怀尔飞行医生身份参加美国航空航天局的航天飞机任务、国际空间站任务和"星座"计划。分别拥有乔治·华盛顿大学、位于休斯顿的德克萨斯大学的健康科学中心和德克萨斯大学医学分校(UTMB)的学位
简奈特·J. 艾普斯 (Jeanette J. Epps)	38	美国中央情报局技术情报官。拥有莱莫恩(Lemoyne)学院和马里兰大学双学位
杰克·D. 菲舍 (Jack D. Fischer)	35	试飞员和美国五角大楼空军战略政策部的实习生,毕业于美国空军学院和麻省理工学院
迈克尔·S. 霍普金斯 (Michael S. Hopkins)	40	美国空军少尉,五角大楼副主席(员工联合主席)的专业助理。拥有伊利诺伊大学和斯坦福大学双学位
凯杰尔·N. 临杰伦 (Kjell N. Lindgren)	36	以怀尔飞行医生身份参加美航局的航天飞机任务、国际空间站任务和"星座"计划。分别拥有美国空军学院、科罗拉多州立大学、科罗拉多大学、明尼苏达大学和德克萨斯大学医学分校的学位
凯瑟琳·鲁滨逊 (Kathleen Rubins)	30	麻省理工学院的怀特海德生物医学研究所的研究项目负责人(PI)和研究人员,曾赴刚果进行研究。拥有加利福尼亚大学圣地亚哥分校和斯坦福大学双学位
斯考特·D. 亭格 (Scott D. Tingle)	43	美国海军中校。试飞员和海军航空站帕特森河(Patuxent River)分站的系统工程项目经理助理。拥有东南马萨诸塞大学和普渡大学双学位。
马克·T. 范德海 (Mark T. Vande Hei)	42	美军中校。美国航空航天局约翰逊航天中心的航天飞机飞行控制人员,是美军在美国航空航天局的分遣队的一员。毕业于圣约翰大学和斯坦福大学
格力乔瑞·R. 韦斯曼 (Gregory R. Wiseman)	33	美国海军少校,试飞员。美国杜怀特·D. 艾森豪威尔航母 103 攻击战斗机中队(striker fighter squadron 103)的部门领导,毕业于伦斯勒理工学院(Rensselaer Polytechnic Institute)和约翰霍普金斯大学

图 3.1　美国航空航天局 2009 级教师航天员

（站立者从左至右是：麦克·施密特（Mike Schmidt），斯蒂芬·海克（Stephen Heck），

司徒奥特·威特（StuartWitt，莫哈维航空航天试验中心总经理），吉姆·库欧（Jim Kuhl）。

坐姿者从左到右是：勒奈特·奥利弗（Lanette Oliver），钱特勒·罗丝（Chantelle Rose），

雷夏儿·曼泽（Rachael Manzer），毛里恩·阿达姆斯（Maureen Adams）。

图片来源：美国航空航天局。）

3.3　欧洲航天局航天员选拔

欧洲航天局于 1977 年至 1978 年之间进行了首次航天员选拔。根据 1973 年欧洲航天局和美国航空航天局达成的协议，欧洲航天局向美国航空航天局提供第一个可重复使用的科学实验舱。该空间实验舱由航天飞机货舱运载，作为交换，美国航空航天局给欧洲航天员提供飞行机会。1977-1978 年选拔后的下一次选拔则是在 1991-1992 年间，这次选拔史无前例地收到了 22000 份申请。16 年后，欧洲航天员申请者才等到 2008 年的选拔（见表 3.4 和 3.5），选拔历时 10 个月。

表 3.4　欧洲航天局航天员选拔日程安排

日　　　期	选拔过程
2008 年 5 月 19 日-6 月 18 日	申请阶段提交有效的医学证明
2008 年 7 月-8 月	进行第一次心理测试（地点在汉堡），每名申请者用时一天
2008 年 9 月-12 月	进行第二次心理测试（地点在科隆），每名申请者用时一天
2009 年 1 月-2 月	临床医学检查（地点在图卢兹或科隆），每名申请者用时五天
2009 年 4 月/5 月	由欧洲航天局局长做出决定和任命
2009 年 9 月	开始基础训练

表 3.5　欧洲航天局航天员申请期内申请者总人数

国家	申请人数	人数占比%	第二国籍数[①]	男[②]	女[②]
奥地利	210	2.5	8	195	23
比利时	253	3.0	8	224	37
丹麦	35	0.4	4	34	5
芬兰	336	4.0	5	283	58
法国	1860	22.1	58	1616	302
德国	1798	21.4	35	1523	310
希腊	159	1.9	14	152	21
爱尔兰	128	1.5	11	110	29
意大利	927	11.0	39	815	151
卢森堡	14	0.2	0	14	0
挪威	74	0.9	2	67	9
其他	72	0.9	309	301	80
葡萄牙	210	2.5	10	192	28
西班牙	789	9.4	21	707	103
瑞典	172	2.0	9	156	25
瑞士	351	4.2	26	325	52
荷兰	203	2.4	2	175	30
英国	822	9.8	42	697	167
总计	8413	100.0	603	7586	1430

①以该国家作为第二国籍的人数;
②含以该国家作为唯一国籍和第二国籍的人数

选拔过程

有希望入选的申请者首要目标之一是通过 JAR-FCL3 的二级医学检查。JAR-FCL3 二级医学检查,能够有效、经济和全面筛查出影响成为私人飞行员的诸多健康因素,这些健康因素也同样影响他们成为航天员。选择 JAR-FCL3(见知识卡 3.1 和表 3.6)检查也提高了选拔效率,并确保最有潜力的申请者能够进入到下一个选拔过程。

知识卡 3.1　JAR-FCL3 二级医学检查

JAR - FCL3 二级医学检查证明是由联合航空局（Joint Aviation Authority，JAA）开发的，在欧洲范围内承认的标准。该证明只能由经过专门认证的航空医学检查人员出具。考虑到不一定每一个申请者都能方便获得 JAR-FCL3 二级医学检查证明，欧洲航天局也接受由医生授权的同等效力医学证明。

表 3.6　欧洲航天局医学检查项目与内容

项目	项目概述
1	面试/问卷评价家族史、个人史和既往史
2	常规体格检查，包括： a. 各主要器官系统检查，含皮肤系统 b. 手足、关节和脊柱的灵活性 c. 常规耳鼻喉检查： 听力分析，申请者必须在 2 米距离上正确理解正常谈话，分别面向和背向检查者 d. 基础神经系统评价 e. 生殖泌尿检查 f. 女性妇科检查 g. 静息状态下心率和血压
3	标准 12 导心电图
4	血液检测，包括血色素、脂肪和胆固醇分析
5	尿液检测，包括尿糖、白细胞、红细胞、蛋白分析
6	视力检查： a. 双眼视力 b. 远距视力（裸眼或矫正）在 0.5(6/12) 或更优，单眼 1.0(6/6) 或更好 ⅰ 屈光不正不超过+5 到−8 屈光度 ⅱ 散光不超过 3 屈光度 c. 常规色盲检测（石原氏或内格尔色盲检测法）

第一轮评价之后，欧洲航天局对选出的 918 名候选者进行计算机心理测试。测试后，从中选出 192 位进入第二阶段心理测试，地点在位于德国科隆的欧洲航天员中心，时间从 9 月持续到 12 月。在欧洲航天员中心期间，通过更多的心理测试和角色扮演活动对候选者进行了评价，并进行了计算机模拟和面试。从这些有希望的 192 名候选者中，欧洲航天局选出了 80 名候选者于 2009 年 1 月和 2 月进而又进行全面的医学评价。之后，选出了 40 位进入正式的专家组面试。2009 年 5 月，最终选出 6 名预备航天员（见图 3.2，而欧洲航天局最初宣布将选拔 4 名）。

图 3.2 欧洲航天局 2009 级航天员

(照片上的 6 人将成为欧洲新一批航天员,2009 年 5 月 20 日,他们出席在
法国巴黎欧洲航天局总部举行的记者见面会。从左至右是:卢克·帕米特努(Luca Paemitano,
意大利),亚历山大·杰斯特(Alexander Gerst,德国),安德鲁斯·摩根森(Andreas Mogensen,丹麦),
萨曼莎·克里斯托雷蒂(Samantha Cristoforetti,意大利),特摩斯·匹克(Timothy Peake,英国),托马斯·
佩斯奎特(Thomas Pesquet,法国)。图片来源:欧洲航天局-科尔瓦亚(S. Corvaja),2009。)

表 3.7 正式面试后最终选出的 6 位候选者

姓名	年龄	学历与职业
萨曼莎·克里斯托弗雷蒂(意大利人)	32	拥有意大利那不勒斯费德里克二世大学(University of Naples Federico Ⅱ)的工程学和航空科学的硕士学位。意大利空军战斗机飞行员
亚历山大·杰斯特(德国人)	33	拥有地球物理学文凭。在新西兰惠灵顿的维多利亚大学研究地球学获得理科硕士学位。2001 年起,从事研究工作
安德鲁斯·摩根森(丹麦人)	33	拥有伦敦帝国学院的工程硕士学位,在德克萨斯大学获得工程博士学位。为 HE 空间运营(HE Space Operations)工作的一位姿态和轨道控制系统以及制导、导航和控制的工程师
卢克·帕米特努(意大利人)	33	拥有意大利空军学院的航空科学文凭。在伊斯德里亚半岛的法国试飞员学校(EPNER)受过训练,成为全能试飞员。意大利空军飞行员
特摩斯·匹克(英国人)	37	拥有飞行动力学学位,在英国帝国试飞员学校取得全能试飞员资格,是英国军队的试飞员
托马斯·佩斯奎特(法国人)	31	拥有法国图卢兹埃科勒航空航天大学的硕士学位。在法国航天局工作,是一名研究工程师,目前在法国航空驾驶空中客车的 A320 系列飞机

3.4　加拿大航天局航天员选拔

加拿大第三次航天员选拔是迄今为止最有挑战性的航天员选拔（见表 3.8）。申请者面临的不仅仅是令人生畏的选出概率，而且要面临选拔过程中一系列严苛的检查，许多项目让申请者感觉像是在新兵训练营！在精挑细选之后，进行了初次面试。40 名申请者（见表 3.9）被选中，前往加拿大航天局总部所在地魁北克省（Quebec）的圣休伯特（Saint Hubert）参加一系列的测试，范围从"驾驶"加拿大机械臂 2 到水下问题处置等等。

表 3.8　加拿大航天局航天员选拔日程安排

日期	选拔程序
2008 年 5 月	启动选拔。报名结束时，共收到 5351 份申请
2008 年 10~12 月	初次面试，79 名候选者
2009 年 1 月	机械臂和飞行操作以及体格检查，39 名候选者
2009 年 2 月	生存和灾害控制测试，31 名候选者
2009 年 3 月	临床医学和心理学检查，16 名候选者（平均年龄：36 岁）
2009 年 5 月	宣布最终选出的 2 名候选者
2009 年 6 月	航天员到魁北克省圣休伯特报到入职
2009 年 8 月	航天员到约翰逊航天中心报到，和美国航空航天局 2009 级航天员一起接受训练

表 3.9　排名前 40 的航天员候选者按地区分类结果

地区	候选人数	地区	候选人数
亚特兰大省（Atlantic Provinces）	1	西部地区（英吉利哥伦比亚）	4
中心区（魁北克省，Quebec）	8	加拿大北部	0
中心区（安大略省，Ontario）	10	加拿大之外①	11
草原三省（Prairies）	6		
①居住在国外的加拿大公民			

3.4.1　在圣休伯特的选拔

在圣休伯特的选拔阶段，申请者被分成两组，一组在周六晚上到达，另一组在周日到达。第一个晚上安排了见面会，由航天实施医学部主任简·马克·卡姆托义斯（Jean Marc Comtois）介绍了选拔的重要性和将要进行的测试与评估项目。在本阶段，超过四分之一的候选者是军队飞行员，占比紧随其后的是医生，其余的候选者有的是成果显著的科学家，有的是加拿大航天局的工作人员，他们中有些人曾经是简·马克的同事。尽管每个人都很友好，但有些人已经在评估竞争，他们在想自己是否符合标准以及可能存在的弱点是什么。那些弱点会在接下来的几天测试里逐渐暴露出来。

1. 在圣约翰的选拔

第一天在圣约翰(St. Jean)的加拿大军队基础训练营度过，进行了多项力量测试和评估。开始是加拿大军队的基础体能测试，有几个人因此扭伤。

第一项测试是多等级体能测试(MSFT，见知识卡 3.2)，也称为"哔哔"测试(Bleep Test)，军队人员对此很熟悉。多等级体能测试之后(见图 3.3)，进行俯卧撑、仰卧起坐、引体向上和一些感觉很难受的等张肌力测试。候选者在整个测试过程中都受到加拿大军队人员保障部员工的监督，这些世界上受过最好训练的人员在他们眼里成了刚进入军营一天、一周的新兵。在进行个人测试时，不允许候选者交谈，也不允许他们扭头看其他候选者的表现。对于军队人员来说，这种要求习以为常，但对于普通公民来说，则有点奇怪。

知识卡 3.2　多等级体能测试

多等级体能测试多被体育教员用于评估人体最大耗氧量。受试者跟随着预先录制的节拍，测试 20 米折返跑。在测试过程中，节拍声之间间隔会逐渐减少，促使这些"可怜"的申请者加快速度，直到不能跟上节拍。节拍分成了 21 个等级。每个持续 63 秒左右，节拍起始时测试速度是 8 千米每小时，每增加一个节拍等级，速度增加 0.5 千米每小时。三声快速的哔哔声表示一个等级增加到下一个等级。直到申请者跟不上节拍时，将水平等级记录下来，作为测试分数。

体能测试后是一系列游泳和海上生存测试。在最初的申请表格中，有个问题是问申请者是否喜欢水。可以想象大多数人的回答将是肯定的，因为为了生存你每天都必须喝水！而这个问题的本意是问这些申请者是否会游泳。因为这个管理上的小错误，导致有两名不会游泳的候选者进入该阶段。因为该阶段主要依据选入标准进行优中选优，这两名候选者因此被淘汰没有进入到下一个选拔阶段。

第一次游泳测试很轻松，必须在 10 分钟内游完 250 米。接下来是 3 米跳水和水中踩水。踩水时双臂上举，时间 10 分钟。再接下来是 5 米板跳水，再游到岸边穿上救生衣，然后进行水下搬运模型任务。搬运模型测试要求每个候选者

图 3.3　加拿大航天局航天员申请者在进行多等级体能测试

（2009 年 1 月，魁北克省圣约翰，加拿大航天局航天员申请者在进行多等
级体能测试。在此选拔阶段，仅剩 39 名申请者参加！图片来源：加拿大航天局。）

戴着配重下潜到水池底部，把不同形状的木块固定到容器中。一些候选者连一
块模型都未能放入容器中，而有一名候选者，能够屏住呼吸 5 分钟，竟成功地将
所有的木块都固定到容器中，还担心自己因为时间太长会受到处罚。

2. 空勤人员选拔与人格测评

第二天的测试在圣休伯特加拿大航天局的所在地进行。首先是利用一个上
午的时间进行加拿大军队的空勤人员选拔测试（见图 3.4），它包括一系列 20 多
项计算机测试，旨在评估候选者的认知能力、空间识别能力和动作技能。毫无疑
问，试飞员并不认为这个测试阶段特别苛刻！

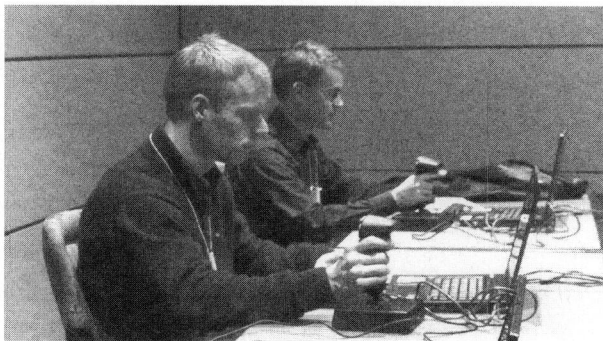

图 3.4　加拿大航天局航天员申请者肯尼思·韦尔奇（Kenneth Welch）
和布鲁斯·伍德勒（Bruce Woodley）

（2009 年 1 月，魁北克省圣休伯特，加拿大航天局航天员申请者肯尼思·韦尔奇（左）和
布鲁斯·伍德勒（右）正在进行加拿大军队的空勤人员选拔测试。图片来源：加拿大航天局。）

然后进行了一系列手眼协调书面测试。接着进行派往国外服务的外交官通常要参加的公共服务考试。每次测试间隙，就有一个候选者被要求在摄像机前进行媒体采访。在1小时的公共服务考试后，进行三个独立的心理问卷调查，总共要回答1200多个问题。其中一个测验是明尼苏达多项人格测验(MMPI)，这是一个最常用的心理健康人格测评方法(用于识别人格结构和精神机能障碍)。明尼苏达多项人格测验本身就有567个问题，当发给我们第二个问卷时，我们的手都因疲惫而颤抖得很厉害。

3. 机械臂操作评估

第三天主要进行机械臂操作测试。与航天员们在高级训练和专项任务训练期间参加的为期2周的培训课程不同，候选者们仅接受了2个小时加拿大机械臂2的操作指导。教员利用机械臂和终端锁紧器的比例模型讲解加拿大机械臂2的(见知识卡3.3)操作方法，之后由候选者操作机械臂，机械臂教员进行评估。

◀ 知识卡3.3　操纵机械臂的挑战

机械臂的操纵通过操作台的两个控制杆进行，在操作的同时要观看工作台上的图像(见图3.5)，一个操作杆是转动手操杆，另一个是移动手操杆，在图3.5中可以看到显示控制屏和便携笔记本电脑系统，便携笔记本电脑提供了和航天员在国际空间站一样的视角。

操作成功的关键在于要能理解操作坐标系。机械臂操作人员必须清楚末端执行器终端锁紧器(以及附属载荷)的移动坐标轴和转动中心点。为使坐标系更清楚，用了多个坐标系表达数字化的坐标和姿态显示。比如，基础内容是解算坐标(FOR)、显示坐标、操作坐标。解算坐标定义了操作台或者附属载荷的多维度的坐标位置(x,y,z)和姿态(俯仰、偏航、转动)，显示坐标是用于解算坐标计算、显示位置和姿态的参考坐标。操作坐标确定机械臂/附属载荷的运动方向。

选择合适的解算坐标、显示坐标和操作坐标是降低机械臂任务难度的关键。确定坐标系组合的主要因素是操作台/附属载荷在基础坐标中的相对位置、机械臂操作的矢量和可以看得见的参照物。就像图3.5看到的，操作者位置感知依靠摄像机和推算的数字信息资源。尽管申请者参加评估的任务是简单的(相对航天员训练来说)捕获任务，但在实际中，由于视野问题、参考坐标和动态变动等条件对操作者的能力要求很高，要能够理解当前状态和决定下一步的控制输入。

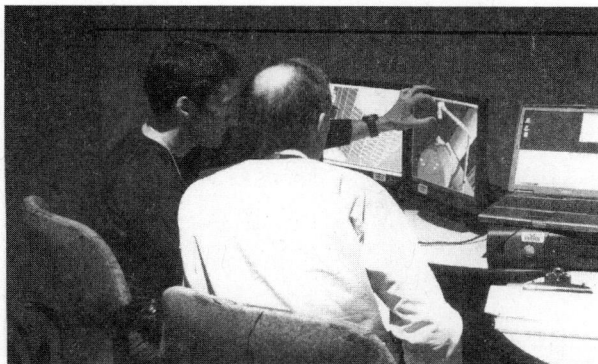

图 3.5 加拿大航天局航天员申请者克里斯·丹尼（Chris Denny）"驾驶"加拿大机械臂 2

（图片来源：加拿大航天局。）

机械臂评估是在圣休伯特测试阶段的最后一个项目。尽管没告诉我们下一阶段的测试内容是什么，但告诉我们下一个测试地点在新斯科舍省（Nova Scotia）的哈利法克斯（Halifax）。对于那些有军队背景的人来说，他们知道那只能是灾害控制和海上生存测试（加拿大军队直升机飞行员去过哈利法克斯参加浸水和海上生存测试）。

3.4.2 在哈利法克斯的选拔

一个月后，31 名候选者来到哈利法克斯，这是选拔的倒数第二个阶段。第一天在海军灾害控制学院（Damage Control School）一个高逼真度的舰船各部位模型里进行测试。在灾害控制学院，水手们接受灭火和抗洪训练，还要学习如何处理有害物质泄露。

1. 灾害控制学院

第一天的午饭前，给申请者示范讲解了火灾控制室和水箱，并安排他们试穿消防服。午饭后，我所在的小组进行有害物泄露处置测评，要求我们穿上蓝色的聚乙烯连体服（Blue Tyvek Bunny Suits，见图 3.6），进入到有毒物质泄露的房间。任务之一是救出伤员及对房间进行安全化处置，并在过程中和指挥保持联络。测试后的讲评中，我们得知我们执行程序正确，但在对房间进行安全化处置时花费了较长的时间。考虑到我们接受指导说明时包括了 15 分钟的 PPT 演示，我们组认为自己表现得还不算太差。

2. 水灾控制

第二天进行水灾控制测试，要求我们穿上连体工作服和防水保暖服，进入到一个慢慢充满冰冷水的小隔间。加拿大军队灾害控制教员和加拿大航天

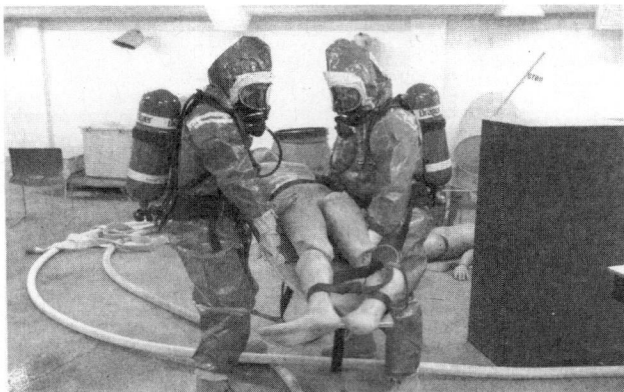

图 3.6　加拿大航天局航天员申请者在有害物泄露处置评价现场

（2009 年 2 月，加拿大航天局航天员申请者在加拿大哈利法克斯的灾害
控制学院进行有害物泄露处置操作。图片来源：加拿大航天局。）

员选拔小组成员则通过观察窗仔细地观察我们。这是一次反映在有压力的环境
中团队工作水平高低的机会。测试开始时表现不错，我们大声地喊着口令，迅速
给每个人分配角色。接着我们对漏水处进行了处置排序，并开始阻止水进入。
由于漏水处太多，我们分成两组，一组修补小漏洞，另一组切割撑柱来搭建支撑
定位板（见图 3.7）。在进行这些工作过程中，数百升的冷水涌进来，当我们修补
完最大的漏水处时，海水已经涨到了我们胸口，一个队员因体温过低撤出。最
终，在教员们"仁慈地"喊停之前，我们堵住了大多数的漏水处。

图 3.7　加拿大航天局航天员申请者克里斯·丹尼在搭建定位板
（加拿大航天局航天员申请者克里斯·丹尼在灾害控制操作中搭建定位板。
图片来源：加拿大航天局。）

我们希望有测试小结但没有时间,因为我们的教员让我们冲向火灾现场,并
要求我们在那里穿上消防服。不到 5 分钟之后,我们穿着消防服,拿着消防水管
(见图 3.8)进入到一个黑暗的房间,这个房间的大小一般是舰船上机炉舱的两
倍。进去后我们什么都看不见,直到角落里着火,然后我们打开了水管。几秒钟
内,火苗就扩散到整个房间,蔓延到天花板上。起码我们感觉暖和! 在进行了半
个小时的灭火之后,我们回到水灾处,又得穿上连身服,去堵更多的漏洞。停下
来稍事休息吃午饭,然后进行伤亡搜救操作,地点在充满烟雾内部相通的数个隔
间里。穿上消防服后,我们通过热成像相机一步步往前挪,搜索伤员并给予帮
助。每过一段时间,教员们就会制造火情,我们必须对火灾类型快速做出判断,
并据此找到适用的灭火器材(由于某些原因,这些绝不可能轻易找到,我们还得
往回找)并灭火。在第二次灭火操作后,我们认为灭火和水灾控制测试应该结
束了,但教员们想要再次看到我们浑身湿透,因此又"引爆"了我们头顶上方的
消防用水管(见图 3.8),我们稍加思索设法打开了旁支管道,使向外喷的水柱减
小为细流,但仅持续了几秒钟就结束了。看到我们解决问题太快了,教员突然
打开了另外一个消防用水管,我们再一次湿透了。然后,我们刚开始填补漏洞,

图 3.8 加拿大航天局航天员申请者在团队建设评估期间修补消防用水管
(2009 年 2 月,在加拿大军队灾害控制学院,加拿大航天局航天员申请者在团队建设
评估期间修补消防用水管。图片来源:加拿大航天局。)

教员就把一个组员叫走去处置另一个问题。我们用了至少30分钟才将消防用水管漏洞堵上。此时,我们都再一次体温过低,所以当摄像组来到时我们都不是处在最好状态!

3. 生存系统

在哈利法克斯的最后一天测试是在生存系统上进行,每次安排一人进入直升机沉水模拟舱进行评价(图3.9)。一旦进入直升机沉水模拟舱,我们被束缚在里面,拿到一份逃生指南,接着模拟舱沉入游泳池,翻转并迅速充满了水。一名教员在我们肩上轻轻拍了一下,这是让我们逃生的信号。我们每人做了三次,每次情境都比上一次更加复杂。在沉水逃生测试结束后,我们最后被带到10米高的塔顶,按要求跳进游泳池里,然后爬上救生艇。这是选拔阶段最有乐趣的一天。

图3.9 加拿大航天局航天员申请者在生存系统的直升机沉水模拟舱里参加测评

(图片来源:加拿大航天局。)

3.4.3 最终筛选

在经历了火灾、水灾和体温过低环境后,候选者们返回家中,等待着通知他们入围最后16人名单的电子邮件。16名候选者参加最终筛选,这意味着需要从最好的候选者中淘汰一些人。这些落选者中的许多人,只要拥有美国护照就可能已经成为美国航天员。事实上,有些未进入最终筛选在美国工作的落选者,已经在计划获得美国绿卡,以备参加美国航空航天局的下一次选拔,为自己一生追求的飞天梦想继续奋斗。

1. 16名候选者

3月份,加拿大航天局在多伦多国防研究与开发机构(Defense Research and

Development facility)举行记者会,进入选拔最后阶段的 16 名候选者和媒体见面。媒体见面会后,是为期一周的医学检查,包括从脑部核磁共振成像(Magnetic Resonance Imaging,MRI)到 3D 人体测量评估等多项检查测试(见图3.10)

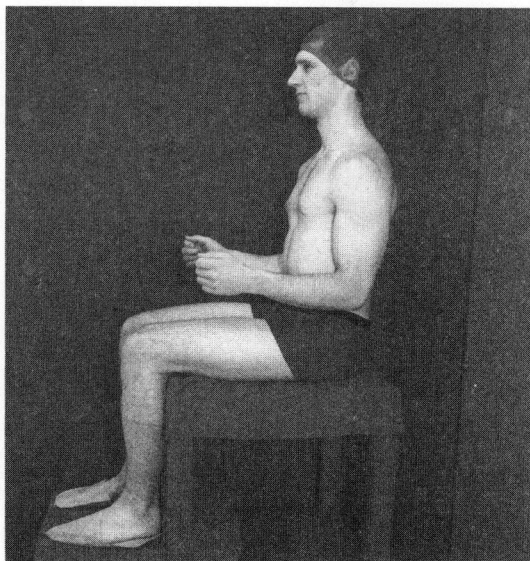

图 3.10 加拿大航天局航天员申请者约书亚·柯屈克(Joshua Kortryk)
在最后一轮的选拔中坐着进行 3D 人体测量
(图片来源:加拿大航天局。)

2. 定选

"参加航天员选拔需要准备好很多事情,我最初还担心是不是申请的有点儿早,如果我这次没有入选,航天局下次选拔可能是 16 年之后,我希望当我 42岁再次申请时仍能保持良好的身体状态。"

约书亚·柯屈克(最后一轮的 16 名候选者之一,CF 战斗机飞行员)

在经历了大半年的"求职面试"之后,最终入选的两名候选者是:大卫·圣雅克博士和杰里米·汉森上尉(见表 3.10 和图 3.11)。作为加拿大航天员的两名新成员,他们拥有激动人心的未来,他们不仅要沿着鲍勃·瑟斯克和朱莉·佩耶特等前辈的足迹前行,还将促进加拿大在国际空间站和后续登月计划等任务中发挥更大的作用。但是,在他们获得这些机会之前,他们需要进行长时间预备期的训练、技术工作和任务训练。

表 3.10　加拿大航天局 2009 级航天员

名字	年龄	背　　景
杰里米·汉森	33	拥有安大略省(Ontario)金斯顿皇家军事学院的航天科学理学学士学位。2000 年,获得皇家军事学院物理学硕士学位。加入加拿大航天项目之前,汉森上尉是 CF-18 的战斗机飞行员,在阿尔贝特省冷湖基地的四大队(Four Wing Operations in Cold Lake, Alberta)作战行动处任职。
大卫·圣雅克	39	1993 年获得蒙特利尔工学院工程物理工学学士学位。1998 年获得英国剑桥大学天体物理学博士学位。2005 年于魁北克市获得拉瓦勒大学(Laval University)的医学博士学位,2007 年于麦吉尔大学(McGill University)完成了家庭医生住院医培训(Family Medicine Residency)。在加入加拿大航天项目前,大卫·圣雅克博士是执业医师,担任魁北克省波乌恩尼图克的因努利齐维克保健中心医学部联合首席。

图 3.11　新入选的加拿大航天员大卫·圣雅克(David Saint-Jacques)(左),
工业部长托尼·科莱门特(Tony Clement),新入选的加拿大航天员杰
里米·汉森(Jeremy Hansen)(右)
(图片来源:加拿大航天局。)

第 II 部分

为太空生活做准备

　　航天员在进行太空飞行之前,要进行三个阶段共计数百小时的训练。首先,新入选的预备航天员(Astronaut Candidate, Ascans)必须通过预备期训练课程(Probationary Training)。该阶段他们学习航天技术、基本医学技能、国际空间站(ISS)工作原理,熟悉轻装潜水(Scuba-Diving)方法。第一阶段结束后,他们继续进行高级训练,该阶段进一步深入学习国际空间站各个舱段、试/实验、飞船和地面控制的相关知识。预备期阶段训练之后,航天员被分配到技术岗位参加工作直到有机会执行飞行任务,而执行飞行任务则要进行更多训练(指任务训练)! 在任务训练阶段,飞行乘组成员尽可能一起工作,学习具体任务的相关知识与技能,参加失重飞机飞行(Parabolic Flight)以熟悉失重环境(Weightlessness)。同时他们还需学习一门外语,了解科学实验,参观美国、俄罗斯、日本、加拿大和欧洲的训练中心。

第4章 航天员预备期的训练

4.1 国际空间站训练流程

国际空间站参与国共同确定为新选飞行乘组的训练由三个连续阶段组成：基础训练、高级训练和任务专项训练（Increment-Specific Training, IST）（见图4.1）。基础训练时间为一年，由国际空间站合作伙伴各自训练自己的航天员。但有的航天局，例如加拿大航天局，在该阶段把航天员送到美国航空航天局进行训练。例如，加拿大航天局2009年选拔的两名航天员杰里米·汉森和大卫·圣雅克，就是与美国航空航天局2009级预备航天员一起接受了训练。之后的两个阶段安排国际性的训练课程，分别在各伙伴国进行。在多国训练期间，各伙伴国负责为国际空间站所有航天员提供本国研制的空间站单元的训练。

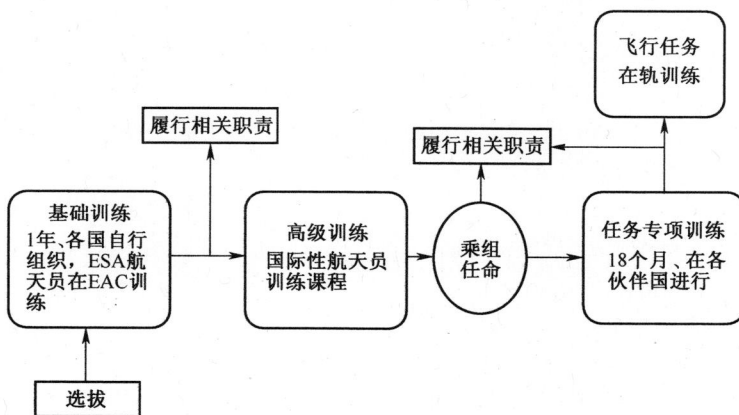

图 4.1　国际空间站训练流程

4.1.1 基础训练

新入选航天员的第一个训练阶段（训练时长为12~16个月之间，由负责训练的各航天局决定），为新航天员提供成为职业航天员的基础知识。基础训练包括介绍航天机构和现有的航天计划、航天飞行的基本知识（如工程学和生命科学）、国际空间站相关的航天系统及运营等。这一阶段也为航天员提供高级训练阶段所需基本技能的训练，例如轻装潜水和参加公共关系活动等。

4.1.2　高级训练

该训练阶段也持续1年，为航天员提供更全面的国际空间站系统、分系统、载荷、发射运载系统等知识。高级训练主要聚焦在国际空间站通用在轨工作内容和与地面控制中心互动内容。此阶段也为航天员任务专项训练和首次飞行做准备。例如，高级训练包括一些专业训练，如机械臂和出舱活动（Extravehicular Activity）训练。航天员完成该阶段训练后，合格者具有被任命执行飞行任务的资格。

4.1.3　任务专项训练

最后一个训练阶段持续18个月。训练首要目标是为乘组和备份乘组提供执行国际空间站任务的专项训练。这些训练包括航天器系统和载荷的标准操作和维护任务，以及国际空间站新增模块的启动和检查确认。

本章主要介绍美国航空航天局和欧洲航天局航天员训练的前两个阶段，叙述预备航天员在2年时间里成长为航天员的训练过程。

4.2　欧洲航天局

在国际已有的航天员训练计划中，欧洲航天局的训练计划无论是组织还是实施都可能最具挑战。这是因为国际空间站合作伙伴国提供的训练是分散的，所以需要高度的协调和同步。除此之外，教学方法、训练概念以及预备航天员和教员的多元文化背景必须标准化。

4.2.1　训练计划的整合

一旦完成训练的统筹协调，所有训练均要纳入一个总体综合计划表。这项工作很有挑战性，因为每个航天员都有量身定制的训练计划，这就意味着任意两名航天员在同一时间不会进行完全相同的训练。考虑到在一年时间内30~40名航天员参加5个不同地方的训练，就能想象这需要大量的组织工作。可喜的是,国际空间站合作伙伴国各航天局已经成功组织了 10 多年的合作训练。

4.2.2　航天员训练阶段

每名欧洲航天局航天员首先在位于德国科隆的欧洲航天员中心(见图 4.2)进行 16 个月的基础训练。该阶段为预备航天员将来成为职业航天员奠定坚实的基础,训练包含四项内容:入门简介、航天基础知识、航天系统及运营、专业技能。

图 4.2　位于德国科隆的欧洲航天员训练中心
(图片来源:欧洲航天局。)

1. 入门简介

就像普通人入职的第一天所经历的那样,首先向新航天员介绍他们未来 10~20 年所从事工作的相关内容。例如,介绍各航天大国的政策、航天局(重点介绍欧洲航天局)以及人类曾经实施的载人和非载人的航天计划。在此阶段,还安排了各种讲座,内容涵盖空间法以及空间领域国际合作政府间协议的基本内容。

2. 航天基础知识

基础训练的第二个阶段是给预备航天员讲授多门科学和技术学科的基础知识。该阶段的主要目标是确保具有不同专业背景和专长的所有预备航天员能够掌握职业相关的最低要求的基础知识。尽管该阶段仅涉及基础知识,但是航天员的工作需要他们掌握如此多不同学科的知识,以至于他们感觉像是从消防水管喝水一般接受教员源源不断的灌输。该阶段既学习技术学科的基础知识,例如航天飞行工程技术、电子工程、空气动力学、喷气推进、轨道动力学,也学习科学学科的基础知识,例如在人体生理学、生物学和材料科学等方面失重研究,对地观测和天文学等。

3. 航天系统及运营

该阶段为预备航天员详细介绍国际空间站所有系统概况,例如制导、导航与控制系统(guidance navigation&Control,GNC),热控制系统,供配电系统,指令和跟踪系统,生命保障系统。此外也介绍机械臂、出舱活动和载荷系统,以及为国际空间站服务的飞船系统,如俄罗斯"联盟"号飞船(见图4.3)和"进步"号(Progress)飞船。同时,预备航天员还要熟悉地面系统,例如研制和测试现场、发射场以及训练中心和控制中心。

图4.3 发射"联盟"号飞船的运载火箭
(图片来源:美国航天局。)

4. 专业技能

专业技能训练阶段主要训练预备航天员掌握通用的机械臂操作、交会对接操作、俄语、行为与绩效、轻装潜水等技能。对需要出舱活动的航天员来说,轻装潜水是必须掌握的技能。欧洲航天局预备航天员完成专业技能训练后,结束基础训练进入高级训练阶段。

4.2.3 高级训练

在高级训练阶段,预备航天员学习如何照料和操作国际空间站各个舱段、各系统和分系统等,以及驾驶和停泊飞船,如俄罗斯"联盟"号飞船或欧洲航天局的自动货运飞船(Automated Transfer Vehicle,ATV,见图4.4)。

图 4.4　"儒勒·凡尔纳"号（Jules Verne）自动货运飞船接近国际空间站

（2008 年 3 月 31 号星期一，"儒勒·凡尔纳"号自动货运飞船接近国际空间站。图片来源：欧洲航天局。）

预备航天员也学习在国际空间站欧洲航天局研制的"哥伦布"实验舱（见知识卡 4.1）进行科学研究实验的方法，学习如何使用安装在实验舱载荷机柜上的设备，例如欧洲生理学模块（European Physiology Module，见图 4.5）设施。

知识卡 4.1　"哥伦布"实验舱

"哥伦布"实验舱是欧洲航天局为国际空间站做出的最重要的贡献。实验舱是直径 4.5 米的圆柱体，装备有灵活的研究设备，具备进行广泛科学研究的能力。实验舱内部空间足够安装 10 个国际标准载荷机柜，每个机柜都有一个电话亭大小的尺寸，能够搭载自动独立工作的实验设备，具有完备的供电和冷却系统，并且能将视频和数据回传给地面科研人员。欧洲航天局研发了多种载荷机柜，每种都尽可能提高所能容纳的研究数量。他们还向全欧洲的科学家开放失重环境。

发射时，"哥伦布"实验舱预先安装了 5 个载荷机柜：

a. 生物实验室，支持微组织、细胞和组织培养基、小型植物等实验。

b. 欧洲生理学模块设施，支持长期航天飞行对人体影响的研究。

c. 流体科学实验室，支持失重条件下的流体研究。

d. 欧洲抽屉式机柜，是模块化的实验载体，用于多种科学学科研究，可为安装在标准化的抽屉和锁柜内实验模块提供基本资源。

e. 欧洲运载器（ETC），用于运输和贮存。

因为地面科学家依靠航天员在轨操作实验，所以需要航天员能够熟练操作"哥伦布"实验舱设备，这也是高级训练阶段在"哥伦布"实验舱进行训练的原因。

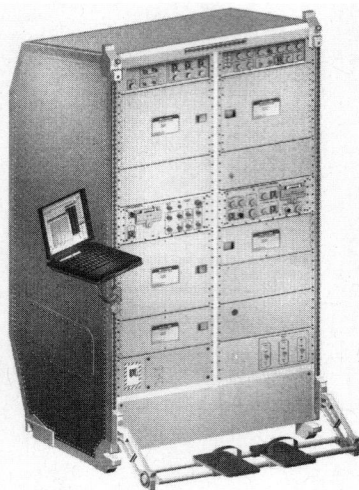

图 4.5 欧洲生理学模块

（图片来源：欧洲航天局。）

高级训练阶段持续一年。该阶段进行国际性的航天员训练课程，包括在国际空间站所有成员国训练场所进行的训练单元。这些训练地点包括美国航空航天局的休斯敦（Houston），莫斯科附近的星城（Star City），日本京都（Tokyo）附近的筑波（Tsukuba），加拿大的蒙特利尔（Montreal），德国科隆（Cologne）的欧洲航天员中心。每一个成员国都要负责为国际空间站所有航天员提供本国承担研制的国际空间站模块的训练。例如，在欧洲航天员中心主要进行"哥伦布"实验舱训练、自动货运飞船训练和欧洲航天局的科学训练。

想要详细描述欧洲航天局的所有航天员训练项目是不可能的。因此，为了使读者了解训练的实质，下面章节介绍高级训练阶段的关键内容之一——出舱活动训练。

1. 出舱活动预先熟悉训练

欧洲航天局的欧洲航天员中心开发了出舱活动预先熟悉训练课程（EVA Pre-Familiarization Training Programme，EPFTP），是从轻装潜水（Scuba-Diving）训练（基础训练期间进行）到美国航空航天局的出舱活动技能训练之间的过渡课程。完成出舱活动预先熟悉训练课程后，航天员就能掌握基本认知、心理运动和动作技能，做好了在美国航空航天局中性浮力实验室（NBL）使用国际空间站舱外航天服的准备。心理运动技能是穿着笨重舱外航天服和沿着国际空间站舱外扶手进行移动所必备的技能。认知技能对于在国际空间站外辨识方向以及使用绳索和应用操作规则很重要，而动作技能有助于空间和情景感知以及问题处置。

出舱活动预先熟悉训练课程在两周时间内教会航天员掌握以上技能，训练包括一系列课堂讲解和水中练习,水中练习主要考验航天员执行模拟出舱活动能力(见图4.6)。航天员首先要学习了解舱外机动套装(EMU)服装概况,包括服装在太空和水中的生物力学特性和限制等。然后,教员教给航天员一些穿着舱外服移动而不费力的最佳策略,以及空间站外表面不能达到的区域。接下来,在欧洲航天员中心的中性浮力设施(Neutral Buoyancy Facility, NBF,见表4.1)中,航天员有机会在教员监督下进行模拟出舱活动训练,以测试水下运动策略。训练时,航天员练习不同的身体姿势,围绕水中空间站限制结构模型改变所处高度和身体方向。航天员完成水下出舱活动指导课程后,要熟悉在国际空间站外使用的工具,以及将来要使用的设备界面。熟悉出舱活动工具后,航天员需要熟练使用面罩供气潜水系统(Surface Supplied Diving System, SSDS),该潜水系统使航天员在水下训练时能够与控制室进行通信。

图 4.6　在科隆欧洲航天员训练中心进行出舱活动预先熟悉训练

(图片来源:欧洲航天局。)

表 4.1　欧洲航天局中性浮力设施参数

水　槽				
长度	宽度	深度	体积	水温
22 米	17 米	10 米	3747 立方米	27~29℃
轻装潜水和面罩供气潜水设备				
20 套齐备的轻装潜水装备(气瓶、控制器、潜水服等)				
3 套面罩供气潜水设备,包括:				
● 全覆盖面罩,附带有用于潜水人员和岸上人员双向通信的麦克风和耳机				
● 浮力背心,内有充气器,装有 6L/300 巴的气瓶、压力表和潜水计算机				
● 60 米长脐带式软管,与岸上供气装置相连,包含了通信电缆				
面罩供气潜水设备岸上推车,装有脐带式软管、气瓶、压力监测设备、视频与通话监测系统				

（续）

水　槽	
出舱活动工具	
出舱活动电、液连接器 便携式脚限制器（Portable Foot Restraints，PFRs），安装在"哥伦布"实验舱实物模型上的出舱活动工作台 美国舱外服靴子模型，与便携式脚限制器配套使用	几套出舱活动工具盒和模拟系绳套环 安装在气闸舱和"哥伦布"实验舱实物模型上的国际空间站扶手 美国舱外服的便携式生命保障系统（生保背包）、头盔和手套
中性浮力设施的控制室	
视频：8个通道，包括用于观察的视频转换矩阵、水下和岸上操作多导记录系统 附加监视器，带有视频转换矩阵，供中性浮力设施大厅岸上人员使用	通话：能够双向通信的两个通话环路，供岸上人员之间以及岸上人员和潜水员之间通话 水下扬声器，用于向水下所有潜水员广播

面罩供气潜水训练合格后，航天员要进行单人出舱演练（EV1 Run），演练模拟真实出舱活动。单人出舱演练中，航天员胸前绑缚有低仿真度的用于携带出舱活动工具的小型工作台，背部背着模拟便携式生命保障系统（Portable Life Support System，PLSS）的背包，还装备有头盔、靴子和手套。航天员由穿着轻装潜水装备的教员引导，实施完整的出舱活动程序，包括进/出气闸舱、载荷转移、腰部束缚绳和国际空间站连接器操作。整个过程中，航天员都要遵守出舱活动规则，例如全程都要用束缚绳把身体束缚住，且系绳时只能使用 D 形环。

第三个水下训练是在单人演练的基础上进行双人出舱演练（EV1＋2 Run）。由两人组成乘组实施，重点是团队情境感知、乘组通信和工作负荷管理。在出舱活动中，两人可自由决定工作顺序和如何分享使用一套出舱工具。除了执行常规任务，航天员还要准备应对设备故障，执行计划外任务，这些都由试验指挥控制。完成出舱活动预先熟悉训练后，航天员会收到学习指导书和课程资料 DVD 光盘，包括出舱活动训练视频，还有附带的参考文档、出舱活动技能演示视频。

欧洲航天局基础训练阶段主要进行知识讲授的课堂教学，高级训练阶段则安排了多个实际操作训练，如出舱活动训练，这需要预备航天员在训练实物模型和模拟器内进行实际操作。一旦完成高级训练阶段训练之后，欧洲航天局的预备航天员就终于具备了被任命执行航天飞行任务的资格，但也必然意味着有更多的训练等着他们！

4.3　美国航空航天局

4.3.1　预备航天员训练概况

与欧洲航天局类似,美国航空航天局的航天员基础训练课程很多也是在课堂上进行,航天员在课堂上学习"猎户座"(Orion)飞船(见图 4.7)和国际空间站各系统的相关知识。他们也要学习一些关键学科,如地球科学、气象学、空间科学和工程学,这将有助于航天员未来在太空工作。课堂学习之外,预备航天员还要完成水上和陆上生存训练,以备应对计划外着陆的意外事件。

图 4.7　"猎户座"飞船实物模型

(图片来源:美国航空航天局。)

基础训练阶段结束后,预备航天员具备了成为航天员的资格。与欧洲航天局类似,基础训练的结束不是训练的结束,而是下一个训练阶段的开始。在高级训练阶段,新航天员和有经验的航天员分配在同一组,有经验的航天员作为良师益友可与他们分享知识和经验。采用这种指导方法的目的就是确保每一名新航天员熟知航天活动全过程,包括发射前、发射、在轨、再入大气和着陆。完成高级训练阶段之后,航天员接受飞行任务任命,并进入到任务专项训练阶段,这将在第七章详述。

4.3.2　预备航天员每周训练情况

大多数预备航天员(飞行员出身的除外)第一周训练在佛罗里达州阳光明媚的彭萨科拉城(Pensacola)进行,接受水上生存训练和多方面课程学习,内容从航空生理学到弹射技术等。航天员第一阶段训练地点是彭萨科拉城的海军航空基地(Naval Air Station),这里有各种各样的模拟器和装备,用于保障预备航天员学习紧急情况下的生存技巧。生存训练课程要求每名预备航天员都要先学会轻装潜水,并能够在25米长泳池水道里不停歇游1个半来回,然后再穿上飞行服和网球鞋不限时游1个半来回。他们也必须能够穿着飞行服连续踩水10分钟。

1. 弹射座椅训练

弹射座椅训练(Ejection Seat Training,EST)时,预备航天员要熟练掌握座舱罩系统相关的必要技能、弹射座椅的飞行前检查以及身体束缚方法(见图4.8)。预备航天员要学习弹射条件、弹射决策、最佳身体姿态、弹射启动、降落伞展开高度、故障处置以及由闪光烧伤和错误的身体姿势等带来的危险。

图 4.8　美国航空航天局教育任务专家约瑟夫·M. 阿卡巴
(Joseph M. Acaba)给出全明白的手势
(美国航空航天局教育任务专家约瑟夫·M. 阿卡巴在彭萨科拉城的海军航空基地水上救生训练中,
在被仿真飞行器弹射出后立即给出全明白的手势。图片来源:美国航空航天局。)

2. 紧急逃生训练(Emergency Egress Training,EET)

完成"沿导轨飞行"的弹射模拟器训练后,预备航天员要进行紧急逃生训练。在该项训练中,预备航天员要演练从模拟坠海的直升机沉水模拟舱(Helo-

Dunker)①中逃出(见图 4.9)。逃生演练时预备航天员束缚在模拟舱中,然后随模拟舱沉入水中。沉入水中后直升机就下沉并开始翻滚,训练人员在预备航天员的肩头敲击一下作为信号,之后预备航天员解开束缚带,从预定的窗口逃出。在熟练掌握逃出方法后,他们还要戴上眼罩再演练一次!

图 4.9　美国航空航天局一名 2004 级航天员为直升机沉水训练做准备

(图片来源:美国航空航天局。)

3. 空间定向障碍训练

在参加多维度空间定向障碍设备(Multispatial Disorientation Device,MDD,也被称为"旋转呕吐机")训练之前,预备航天员要学习相关的基础理论,如视幻觉、视觉扫描、情景感知、定向障碍对抗措施等。在了解了前庭系统多么容易受"欺骗"的知识后,预备航天员参加多维度空间定向障碍设备训练,这次训练经历使预备航天员体会到眼睛和身体平衡如何被黑暗环境和重力加速度所"欺骗"。

4. 缺氧感知训练(Hypoxia Awareness Training)

结束定向障碍训练后,预备航天员进行缺氧感知训练,首先是学习低压生理学基础知识。在低压舱训练真正开始之前,预备航天员要学会识别缺氧症状、缺氧类型,以及引起缺氧的工况,例如航天器快速减压。理论学习结束后,预备航天员进入低压舱(Hypobaric Chamber)(见图 4.10 和图 4.11)进行体验训练,训练模拟由地面升高(见知识卡 4.2)到两万六千英尺的气压变化情况。

———————————

① 直升机沉水模拟舱测试是加拿大航天局 2008~2009 年航天员选拔中最后入围的 30 名候选者必须进行的测试项目之一。尽管听起来有些幽闭恐惧,但这个测试实际上还是很有趣的。

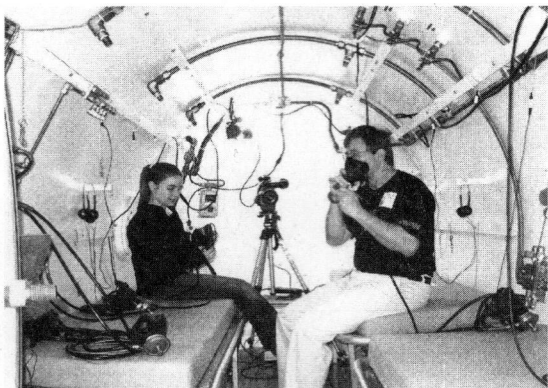

图 4.10　邓肯·米尼(Duncan Milne)和女儿在检查低压舱内配备的呼吸装置

(预备航天员预备期训练阶段中需要进行的一项检查是在此进行。图为来自西蒙·弗雷泽大学的低压舱工程师邓肯·米尼在和女儿一起检测低压舱内的固定呼吸装置。低压舱位于笔者的实验室。图片来源:邓肯·米尼。)

图 4.11　西蒙·弗雷泽大学的低压舱

(图片来源:邓肯·米尼。)

知识卡 4.2　低压体验训练

　　低压体验训练首先在海平面气压情况下预吸纯氧 20 分钟,然后减压模拟到 2450 米(8000 英尺)的高度,进行设备检查和耳功能检查。之后,减压模拟到 7950 米(26000 英尺)的高度,预备航天员摘下呼吸面罩,呼吸座舱环境空气(270 毫米汞柱气压)4 分钟。在 7950 米高度,预备航天员完成算术、认知和手协调等任务,也要尝试自己识别低压缺氧的早期症状。如果他们在 4 分钟时间里感知到明显的症状就戴上呼吸面罩。4 分钟后,戴上面罩并检查设备,然后模拟高度降到地面水平。

第一周训练的最后一个科目是使用虚拟现实(Virtual Reality, VR)训练器学习降落伞着陆,学会后才能进行实际跳伞。完成多次着陆练习后,预备航天员就盼望着进行实际飞行,尽管乘坐的只是螺旋桨飞机。

5. T-34 地面学习

预备航天员第二周进行首次 T-34 飞机飞行训练的准备工作。与大多数航天员训练项目一样,T-34 训练分成了课堂和模拟器训练,地点仍是彭萨科拉城(Pensacola)基地。首先,预备航天员熟悉飞机各系统,然后学习通信程序、飞行前中后的检查清单以及紧急程序。在 T-34 地面学习期间,预备航天员要使用驾驶舱模拟器进行飞行训练。在为期一周紧张的 T-34 理论课程里,预备航天员不仅要学会而且要记住多个程序,之后才进行实际飞行。

6. T-34 飞行训练

在一周的地面学习和模拟器训练之后,预备航天员就盼望进行 T-34(见图 4.12)实际飞行。航天员和教员一起复习已计划的飞行程序和应急程序,开展飞行前检查,滑出机库,最后起飞。预备航天员用 4 周时间学习 T-34 驾驶技能,驾驶技能和民航飞行员考取个人飞行驾照技能要求一样。

图 4.12　T-34 教练飞机

(图片来源:美国航空航天局。)

6 周训练之后,预备航天员返回休斯敦并停留 2 周。停留期间,大多数预备航天员搬家到休斯敦。在约翰逊航天中心(JSC)的 2 周里,主要是对世界上最著名航天局——美国航空航天局进行介绍。在约翰逊航天中心,预备航天员有机会与为国际空间站硬件和"猎户座"飞船项目工作的美国航空航天局工程师会面。预备航天员还有机会接触经验丰富的航天员,例如,2004 级航天员很幸运见到了具有传奇色彩的航天员约翰·杨(John Young),约翰为这些新人做了一次登月报告。

7. 生存训练(Survival Training)

接下来是为期一周的生存训练,地点在与缅因州(Maine)朗吉利(Rangeley)

毗邻的海军野外基地(Navy's Wilderness Site)。训练在周一早上开始,教员先向预备航天员介绍要学习的生存技能,再介绍救生装备。救生装备是标准的军队装备,包括迷彩服、两个水壶、刺刀、碘片、帐篷和绳子、指北针、地图(见图4.13)。预备航天员先给装备打包,然后装到军服改做的背包里面,之后向着训练区域出发学习生存技能。在到达阿尔法营地后,预备航天员收到一份军队的即食食品,按照指引找到附近小溪取水。然后进行所谓"夺命PPT"课堂陈述,主要陈述内容包括:如何寻找和设陷阱捕获食物、寻找水源、生火、搭建帐篷、医疗急救和陆上导航等标准生存技能。完成理论课后,预备航天员分成3~4个小组,第一晚在降落伞覆盖的用树木搭建的掩体里度过。

图4.13　美国航空航天局2004级预备航天员在缅因州野外测试导航技能
(美国航空航天局2004级预备航天员在陆上生存训练期间,当他们在缅因州野外
丛林中测试他们的导航技能时一起工作。图片来源:美国航空航天局。)

在朗吉利的训练有两个目的。航天员每年至少驾驶T-38s飞行100小时,以保持熟练的航空驾驶技能和导航技能。飞行常飞越沙漠和高山。如果不得不从飞机上弹射跳伞,航天员须在几个小时甚至更长时间里保护好自己。该训练为他们提供了独特的、具有挑战性的团队建设环境,因为训练团队要在一起度过一年时间。当他们被选入飞行乘组时,就会与他人形成一个紧密合作的团队。事实证明,在同批预备航天员具有不同背景的情况下,在应付困境中学习领导才能和团队协作技能是一种宝贵的经历。

在为期一周的生存训练课程中,预备航天员接受八个海军专家组成的教员团队的授课和指导,并学会各种生存技能,包括从捕捉松鼠到制作云杉树汁茶(Spruce Tree Tea)。海军教员也强调一个观点,灵活性是生存的关键,并讲解了如何综合利用预备航天员所配备的有限物资和装备。例如,雨布在不下雨时虽不是必需品,但可用作他途,可用作遮棚、水收集器、甚至用作睡袋。与此相似,降落伞绳索和管道带子的用处也非常多。

　　教员用 3 天时间指导预备航天员掌握医疗急救、发送信号、生火和导航方法。随着训练的进行，预备航天员要学习寻找疏散地点，利用定量配发的物资为小组搭建掩体。在此阶段，他们能够在森林中寻找食物，能够识别可食用的植物。虽然教员已经向他们简要介绍了可食用的昆虫和野生动植物，但他们大多数还是更喜欢军队供给食品。

　　与大多数航天员训练阶段一样，生存训练结束时要进行考核，考核在最后一天的早上五点半开始。考核设置一个营救情景，要求预备航天员用临时制作的担架和雨布把两名同伴转移到营救地点（见图 4.14）。

图 4.14　美国航空航天局 2004 级预备航天员在生存训练中"营救"同伴

（图片来源：美国航空航天局。）

8. T-38 飞行训练

　　预备航天员日程表的下一个安排是去休斯敦的埃灵顿基地（Ellington Field），进行一周的美国航空航天局 T-38 喷气式教练机（见图 4.15）地面训练。T-38 是双引擎的喷气式教练机，该机型自 1961 年开始被美国空军用于训练战斗机飞行员。飞行训练由驾驶员驾驶教练机，而任务专家坐后排座与空中交通管制员沟通交流并为驾驶员导航。

　　除了用于有趣的喷气式飞行之外，T-38 飞机还用于运送受训的航天员往返于美国航空航天局的各设施间以节约时间，就有点像公司班车！驾驶 T-34 和驾驶 T-38 的感觉差别很大，就像白天和黑夜的区别。T-34 是涡轮螺旋桨飞机，最大时速稍高于 400 公里/小时，而 T-38 可在起飞后 1 分钟内达到马赫为 1.08 的最大速度，最高可爬升至 9000 米。预备航天员可以立刻注意到的另一个不同是加速度，T-34 飞机最大加速度是 2.5G，而 T-38 飞机在两人乘组时最大加速度可以达到 5G，因此适用于对航天员进行强 G 值过载训练，这种加速度

图 4.15　两架 T–38 飞过爱德华空军基地(Edwards Air Force Base)上空
(图片来源:美国航空航天局吉姆·罗斯 Jim Ross。)

过载在航天飞行任务中会遇到。另一个不同是出舱方式,在 T–34 飞机上,预备航天员必须先爬到机翼上,然后从飞机背部跳下来。但在 T–38 飞机上是通过有动力装置的弹射座椅弹射出舱!

对于大多数预备航天员来说,他们的首次 T–38 飞行也是首次进行超声速飞行。通常,为了使训练有趣,教员会进行 0–G 飞行动作,使预备航天员能够初步体验航天飞行的感觉。在完成初步飞行训练后,预备航天员继续进行更重要的训练,例如乘组资源管理(Crew Resource Management,CRM)(见知识卡 4.3),这种技能在他们未来的航天飞行中将被使用。

◤ 知识卡 4.3　乘组资源管理

乘组资源管理训练始于 1979 年美国航空航天局一个提高航空安全性的研讨会。美国航空航天局研究发现大多数航空事故的主要原因是人的失误,主要问题是人员沟通失误、领导决策失误以及飞行员决策失误。

乘组资源管理训练围绕着知识、技能和态度广泛训练,包括沟通交流、情境感知、问题处理、决策和团队协作等。从根本上来讲,乘组资源管理是一个管理体系,该体系最佳利用所有可用资源,包括装备、程序和人员等方面,以确保飞行运行的安全效率。

从航天飞行任务的角度来看,乘组资源管理涉及驾驶和操作航天器需要的技术知识和技能不是太多,而涉及更多的是在一个有组织的航天器系统内部进行飞行管理所需的认知和人际交流的技能。在本书中,认知技能指的是人们在获得和保持情境感知、处理问题、进行决策等方面的心理过程。

9. 参观熟悉美国航空航天局的业务中心

在经历了令人激动的 T-38 飞行训练之后,预备航天员利用一段时间熟悉美国航空航天局的部分业务中心。中心之旅的第一站通常是位于华盛顿特区的美国航空航天局总部(NASA Headquarters)。在美国航空航天局总部参观后,预备航天员前往马里兰(Maryland)戈达德飞行中心(Goddard Flight Center,GFC),在这里学习了解美国航空航天局如何研发和运营用于科学研究的无人航天器的过程。之后,预备航天员从戈达德飞往美国航空航天局位于俄亥俄州克利夫兰市(Cleveland)的格伦研究中心(Glenn Research Center,GRC),在这里他们有机会与正在研发新型推进系统的科学家及进行零重力研究的研究人员进行交流。

10. 零重力训练

在短暂的中心之旅后,下一个训练阶段是进行微重力训练。为了模拟微重力(见知识卡 4.4),美国航空航天局用特别改装的飞机在墨西哥湾(Gulf of Mexico)上空进行一系列的抛物线飞行(见图 4.16)。对许多预备航天员来说,抛物线飞行是他们最喜欢的训练体验之一。

知识卡 4.4　零重力

微重力可由飞机进行开普勒弹道或者抛物线飞行模拟产生,后者要求飞机以 45°的角度快速爬升,然后按照抛物线路线飞行。当飞机拉升到 9500 米高度时(抛物线顶点为 10000 米,术语为"过载拉起")开始减速,在抛物线的顶点飞机产生近乎零重力效应(10^{-3}g 重力水平),持续时间约 20-28 秒。然后飞机沿着抛物线飞行,以 30-45°角度快速下降(术语为"俯冲改出")至 7300 米。

在飞行"过载拉起")和"俯冲改出")阶段,会产生约两倍重力(2G)加速度。在"过载拉起"和"俯冲改出"之间的阶段,称为"失重飞行阶段",能产生近乎零重力环境(小于1%地球重力)。因为在抛物线飞行训练中,人的肠胃产生不适,失重飞机被戏称为"呕吐彗星"。

11. 熟悉性训练

在完成抛物线飞行训练之后,预备航天员通常将用更多的时间以熟悉美国航空航天局其他中心。有一个他们几乎一定会去的中心就是位于密西西比州(Mississippi)的斯滕尼斯空间研究中心(Stennis Space Center,SSC),该中心为美国航空航天局研发和测试新型运载火箭发动机。另一个要参观的中心通常是位于亚拉巴马州(Alabama)汉特维尔市(Huntsville)的马歇尔航天飞行中心(Marshall Space Flight Center,MSFC)。预备航天员在此学习了解马歇尔航天飞行中心如何为美国航空航天局研发下一代运载火箭,"阿瑞斯"I 型(Ares I,见图

图 4.16　美国航空航天局 2004 级部分预备航天员和日本航天局部分
航天员在失重飞机飞行时翻筋斗
（图片来源：美国航空航天局。）

4.17）和"阿瑞斯"V 型（Ares V）。这两型火箭将用于向国际空间站运送飞行乘组、供应物资、仪器设备、水、燃料和硬件，以后还将会运送物资到月球。预备航天员也要了解马歇尔航天飞行中心在国际空间站项目中的重要作用，该中心研发了空间站的生命保障系统，管理科学仪器设备运输的后勤模块，以及管理载荷运行中心（Payload Operations Center）。新一代航天探索者将会对美国航空航天局的新一代"牵牛星"月球着陆器特别感兴趣，该着陆器终将使航天员重返月球表面。

图 4.17　"阿瑞斯"I 型火箭在发射台上的效果图
（图片来源：美国航空航天局。）

12."猎户座"飞船和"阿瑞斯"I 型火箭系统

返回休斯敦之后,预备航天员要进行一段长期训练,主要是学习"阿瑞斯"I 型运载火箭和"猎户座"飞船系统,即载人探索飞行器。在该阶段,预备航天员需完成近 9 个月的训练。大部分是课堂学习,预备航天员学习主要的系统知识(见表 4.2),授课教员大部分是美国航空航天局训练部门的工程师。

表 4.2　主要系统训练

主推进系统	电力系统
数据处理系统	辅助电力系统/供水系统
轨道机动系统	通信系统
反应控制系统	警示和报警系统

训练目标是确保每一名预备航天员都能够精通操作,无论他们是驾驶员、任务专家或指令长。为了准备 4 小时长的课程,给预备航天员发了一大堆的教材和技术手册,堆起来达一米多高!就像大学课程那样,预备航天员在每个阶段结束时都必须进行考试。第一个考试有大约 200 个问题,按系统分成 14 个部分。这是一个长时间的考试,要 2 小时完成。若有人任何一部分的得分率低于 80%,他/她就会进行补训直到通过为止。

当预备航天员成功地完成主系统训练的第一阶段训练后,他们进入实践课更多的阶段,在该阶段他们学习如何实际操作仪器设备。该阶段的最后训练是在称为单系统训练器(Single Systems Trainers,SSTs)的高仿真度实物模型中进行训练。单系统训练器是"猎户座"飞船驾驶舱(Orion's Cockpit)的实物模型,上面有所有的计算机、开关和平面显示器。顾名思义,单系统训练器仅允许预备航天员一次完成一个系统的操作。与主系统训练的第一阶段相同,该阶段结束时也要进行考试。除了笔试外,预备航天员也必须在"猎户座"飞船单系统训练器里完成操作考核。对教员来讲,该考核是确认预备航天员能否把书本上的知识应用到航天飞行的实际中。

毫无疑问,为了通过所有考试预备航天员的学习是艰苦的,有点像参加医学院入学考试(Medical College Admission Test,MCAT)前的死记硬背的学习。与必须通过死记硬背成千上万条信息学习的、潜在的医学院学生一样,预备航天员的学习方法多种多样。他们有的以小组形式学习,有的单独学习,还有的做了数百张学习卡。

在主系统训练期间,需维持 T-38 飞行训练时数的要求增加了预备航天员的压力。每年,每名预备航天员必须要参加 100 小时的 T-38 飞行训练。尽管这相当于每月仅进行 8 小时或 9 小时,这听起来好像不多,但实际上对于忙碌的预备航天员来讲,保持训练进度挑战也相当大。首先,驾驶员和任务专家在飞行前一小时必须见面,一起制定飞行计划和复习安全程序,然后才能进行实际飞行。一旦把往返机场的时间计算在内,飞行 1 小时实际需要的时间很可能要达到 3 小时!

13. 熟悉性参观

预备航天员完成主要系统学习之后,开始新一轮参观,这次首先参观位于新墨西哥州的白沙试验研究所(White Sands Test Facility,WSTF)。白沙试验研究所是跟踪和数据中继卫星系统(Tracking and Data Relay Satellite System,TDRS)基地,它保障航天员和飞行任务控制中心之间的通信。下一个是参观弗吉尼亚州汉普顿市(Hampton)的兰利研究中心(Langley Research Center,LRC),预备航天员在这里有机会与科学家见面,例如正在研发火星探测器的乔尔·莱文(Joel Levine)博士。预备航天员也要参观兰利中心马赫数为 10 的风洞,在此进行"阿瑞斯"I 型和"阿瑞斯"V 型火箭的缩微模型试验。在数据可视化和分析实验室,向预备航天员介绍了 3 维建模领域的研究概况,该研究有助于科学家认识辐射效应。

在兰利中心参观结束后,预备航天员前往肯尼迪航天中心(Kennedy Space Center,KSC)参观 39B 综合设施(Complex 39B),"阿瑞斯"I 型火箭在此发射把航天员送入太空。预备航天员也要参观飞行器总装大楼(Vehicle Assembly Building,VAB),该大楼原来用于组装航天飞机,但后已改造用于组装美国航空航天局的新型火箭。之后参观空间站处理设施(Space Station Processing Facility,SSPF),国际空间站硬件飞行前在此进行存放和测试。

14. 航天服训练

在 9 个月训练之后,预备航天员尚未穿航天服,但在最新一轮熟悉性参观之后,他们终于有机会穿一套适合自己身材的美国航空航天局著名的"南瓜服"(见图 4.18)。

先进的乘员救生服(Advanced Crew Escape Suit,ACES)是全压力服装,设计要求能在最高 30 公里的高度载人座舱失压时保护航天员,也能在紧急跳伞后使航天员隔离冷空气或者冷水。实际上,穿服装是在发射当天航天员面临的最大挑战之一,因此预备航天员抓住训练中每次机会熟悉服装的各个部分。在服装技术人员的帮助下,预备航天员首先穿上尿不湿(见图 4.19),用美国航空航天局的专业术语正确的说法是"最强吸水服"(Maximum Absorbency Garment,MAG)!是的,美国航空航天局为每件物品都命名了专业术语并给出首字母缩写!

之后他们穿上一层轻质聚丙烯内衣,再穿上固定编织布满了塑料管子的长衣裤,通过塑料管内的水循环给航天员降温,因为穿着航天服非常热。然后穿上

图 4.18 航天员穿着先进的乘员救生服坐在航天服准备间里
（图片来源：美国航空航天局。）

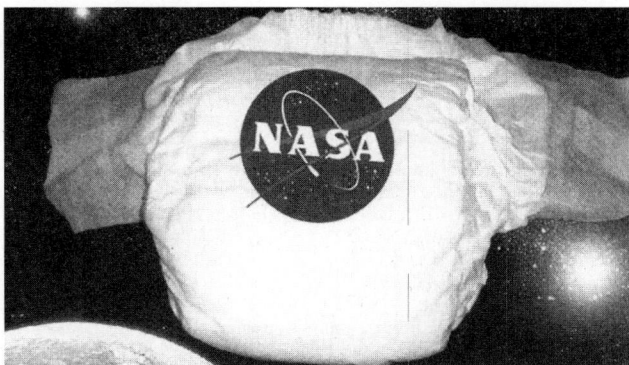

图 4.19 最强吸水服：航天员不愿意提及的一件飞行服装
（图片来源：美国航空航天局。）

压力服，该压力服有压力内胆和通风系统。随后把头盔安装到服装的颈圈上，预备航天员检查确认左大腿处供氧连接器已经与颈圈基座的专门连接器连接。全压力头盔包括闭锁透明观察窗和黑色遮光面窗，遮光面窗可减弱反射的太阳光的强光，尤其是在飞行任务的接近和返回阶段。预备航天员戴上深棕色通信头戴（在头盔内），并与头盔内部的专门接插件连接，再通过头盔连接到"猎户座"飞船内部通信系统。在头盔后部有一个防窒息阀，能够排出头盔里的二氧化碳。服装技术员检查完防窒息阀之后，使用锁定杆采用机械密封方式将头盔压力面窗锁紧到位。和头盔一样，服装手套也是采用锁环和航天服（南瓜服）连接。为了能够扳动开关和旋钮，航天服手套的手掌是织物形式。戴好手套后，预备航天员穿上一双黑色伞兵靴式样的、有拉链而不是系带的厚重靴子。至此，如果你认为预备航天员已经着装完毕的话,你就错了。穿好靴子后,预备航天员还必须穿上生存背包,里面有一个个人救生筏。在这各方面都相当考验人的工作结束时,预备航天员穿上的服装重达 35 千克!

15. 俄语培训①

在他们开始训练 10 个月后,预备航天员参加为期 2 周的俄语和俄罗斯文化入门课程培训。第一节课介绍难以辨认的西里尔字母,这使许多预备航天员真想回到生存训练!

不熟悉国际空间站项目的人对美国预备航天员为何要学习俄语可能会感到疑惑。原因相对简单,俄罗斯是美国航空航天局国际空间站的合作伙伴之一。最重要的是,俄罗斯是目前唯一拥有载人航天飞行能力的合作伙伴。在"哥伦比亚"号航天飞机失事后,美国航空航天局依靠俄罗斯运送美国及伙伴国的航天员至国际空间站。同样,一旦航天飞机在 2010 年 9 月退役后,美国航空航天局将再次依靠成熟的"联盟"号飞船运送航天员进入近地轨道,每个航天员花费5100 万美元! 因为这种合作关系,美国航天员需花大量时间多次飞往俄罗斯星城,进行"联盟"号飞船系统熟悉性训练。

4.3.3　轻装潜水训练

在俄语基础培训后,预备航天员进行轻装潜水资格训练。与很多训练一样,轻装潜水训练是使用美国航空航天局许多训练模拟器中的一个进行。中性浮力实验室(Neutral Buoyancy Laboratory,NBL)位于约翰逊航天中心的索尼·卡特(Sony Carter)训练设施内,水槽长 61 米、深 12 米,装有 2350 万升水。除了用于预备航天员轻装潜水训练(见图 4.20)外,中性浮力实验室也用于航天员出舱活动训练。

轻装潜水训练是最后一批实际操作训练项目之一。离初始训练结束还剩下 8个月时间,预备航天员越来越多的时间用在教室里学习"阿瑞斯"I 型火箭和"猎户座"飞船操作的方方面面,内容比主要系统训练初始阶段所学要详细的多。

在技术手册学习期间,预备航天员有机会在"猎户座"飞船运动基模拟器进行训练,该模拟器位于约翰逊航天中心的杰克·加恩(Jake Garn)训练设施里。运动基模拟器能够模拟在"阿瑞斯"I 火箭发射和着陆期间航天员将经历的振动、噪声及视景等环境条件,而固定基模拟器用于交会对接和载荷操作训练。在

---

① 我不会用俄语说俄语! (I don't speak Russian in Russian! 作者是用英语字母标注发音的方法来拼读俄语单词和句子,而不会直接用俄语字母的发音拼读俄语单词。)

译者注:这也许是作者的谦虚之词,意在说明俄语很难学。

图 4.20　美国航空航天局预备航天员在中性浮力实验室训练

（配有轻装潜水装备的美国航空航天局 2004 级预备航天员在中性浮力
实验室中进行训练。图片来源：美国航空航天局。）

　　杰克·加恩训练设施里还有一个有功能的空间站模拟器，它能够使预备航天员熟悉国际空间站的实验室系统。

　　在训练的最后几个月里，预备航天员经常使用的另一个模拟器是"猎户座"飞船实物模型（见图 4.21）。和杰克·加恩训练设施一样，约翰逊航天中心的"猎户座"飞船实物模型包含各种部组件，可用于训练航天员驾驶和操作载人探索飞行器（见知识卡 4.5）。

图 4.21　航天员们在"猎户座"飞船实物模型中测试

（图片来源：美国航空航天局。）

知识卡 4.5 "猎户座"飞船驾驶舱

"猎户座"飞船的特征是首次采用了有三个公文包大小的霍尼韦尔飞行控制模块的飞行控制系统。在其中两个控制计算机完全失效的情况下，第三台计算机仍然能够控制飞行器。在电力完全故障的最坏情况下，"猎户座"飞船可启动运行由单独电池供电的应急系统，为乘组提供足够的能力使飞船安全返回。和战斗机驾驶舱一样，"猎户座"飞船控制系统很大程度上依赖于传感器融合，这是一种自动化技术，使航天驾驶员不用再整合传感器信息，而是能够专注于任务。考虑到很多航天驾驶员来源于使用过先进的驾驶舱如 F15 和 F22 的战斗机飞行员，这样的系统是合理的。

在"猎户座"飞船驾驶舱内，航天驾驶员能够换显示器，就好像在使用一个转动的仪表板，因为有四个扁屏幕显示器，每个都大约有大型桌面监视器的大小。在进入轨道期间，这些显示器将与通常航空客机上的屏幕类似运行。一个显示模拟水平线，另外一个显示速度，第三个显示高度，第四个显示生命保障系统状态和通信的信息。一旦飞船入轨，显示器就转换至信息显示，显示交会对接信息如飞行器的飞行轨迹、里程以及接近国际空间站的速率等。

该实物模型包含一个装有各种高仿真度部组件的驾驶舱，例如霍尼韦尔平面屏幕、操作面板、座椅和照明灯等。预备航天员要熟悉的第三个实物模型是空间站实物模型和训练设施（Space Station Mockup and Training Facility，SSMTF），一个国际空间站全尺寸的复制品，提供了尽可能接近预备航天员终将经历的在轨空间站舱内实际的环境。

最后，经过近 18 个月的训练，预备航天员终于成了航天员，并赠予他们银质翼形徽章。尽管银质翼形徽章意味着终止了貌似无休止的训练，但航天员仍然要等待很长的时间，才能有机会飞入太空并将银质翼形徽章转换成金质翼形徽章①。在实现终极梦想之前，他们必须首先参加技术工作以及公共关系活动，并等待梦寐以求的飞行任务任命。

---

① 银质翼形徽章是由咖啡基金（Coffee Fund）赞助的，但如果航天员想要买金质翼形徽章的话需要支付 400 美元。

第5章 技术工作

有人排第一就会有人排最后，飞行任务分配便是如此。许多航天员会想知道怎样才能位居前列，出色地完成技术工作就是一个有效的方法。为获得梦寐以求的飞行机会，刚获得认证的航天员通常会积极完成技术工作，加强学术积累，在浩瀚的技术资料中辛勤耕耘，努力给负责任务分配的决策者们留下好印象。航天员办公室负责飞行任务分配，因此在完成技术工作、消化"大部头"资料的过程中，航天员们会利用每一次机会向航天员办公室展示其团队合作能力和进取心。

5.1 技术工作类型

在整个职业生涯中，航天员除了执行任务和进行任务训练的时间外，还要从事多种技术工作，有些岗位名称十分冗长，例如"负责与安全、可靠性与质量保证部联络的航天员办公室飞行乘组运营部主任技术助理"等。美国国家航空航天局和其他航天机构的岗位名称通常都很长！由于不可能穷举每一种技术工作，本章主要介绍航天员在待飞期间承担的几种较引人注目的工作。

5.2 空间运营任务部

许多技术工作都在空间运营任务部（Space Operations Mission Directorate，SOMD）的管辖范围之内。任务部（见图 5.1）负责领导和管理美国国家航空航天局在近地轨道（Low Earth Orbit，LEO）及以开展的有人探索工作相关的空间运营项目，同时还负责保障有人和无人探索项目，指导低层级需求开发，制定政策和监督进度等。

根据分配的项目不同，在空间运营任务部航天员可担任专项助理或技术助理。鉴于航天运营任务部的多重职责，分配到该部门工作的航天员可能要承担各种任务，涵盖了从国际空间站有效载荷办公室至出舱活动项目办公室的各种任务。新入职航天员在空间运营任务部工作都会受益匪浅，不仅可以深入了解

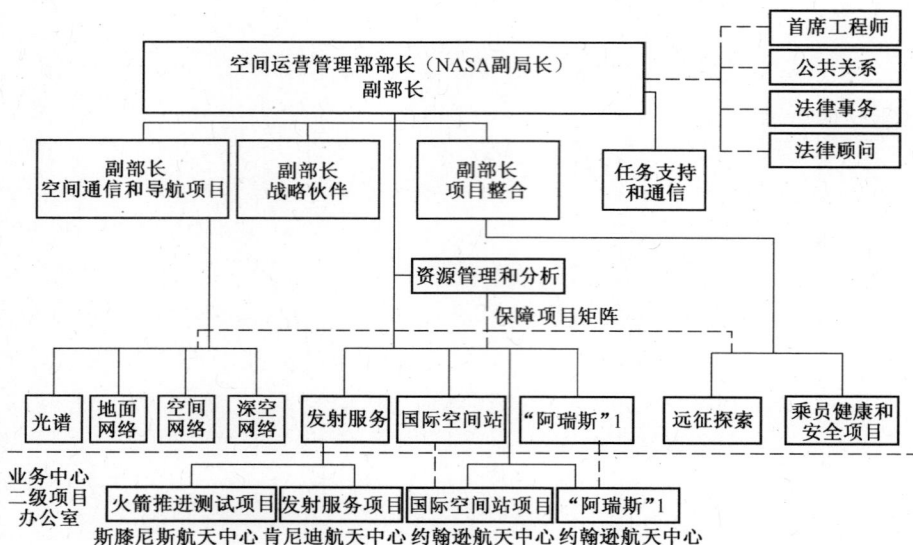

图 5.1　空间运营任务部组织结构

（图片来源：美国航空航天局。）

航天运营相关业务工作，还能对国际空间站项目的众多合作方有所了解。

5.3　国际空间站有效载荷办公室

被分配到国际空间站有效载荷办公室（ISS Payloads Office）工作，对航天员来讲也没那么糟糕，因为该办公室负责研制和交付在轨使用的有效载荷机柜设施。办公室负责很多有效载荷，因此航天员可能分管某一机柜，如人体研究设施（Human Research Facility，HRF）。

1. 人体研究设施

人体研究设施为生命科学研究人员提供了一个在轨实验室，用于研究和评估航天飞行引起的人体在生理、行为和化学等方面的变化。利用该设施开展的研究实验可以提供长期空间飞行环境人体适应性数据。被分配到该领域的航天员通常要承担一名技术助理的职责。当实验数据送回地球时，他负责管理和分发数据，并决定下次飞行任务的实验项目。除了研究方面的工作，航天员还需确保下次飞行要使用的设施在上天前将缺陷全部处理归零。这项工作范围很广，包括从确认国际空间站上配备的人体研究设施分析模块校准用气是否充足到检查乘员使用的唾液过滤器数量是否满足实验需要等各种工作。

2. 欧洲生理学模块

航天员还可能参与另一项科学设备相关工作,即欧洲航天局位于"哥伦布"实验舱中的欧洲生理学模块(European Physiology Module, EPM)。欧洲生理学模块包括一组实验,主要用于研究长期航天飞行对人体的影响,其研究结果将有助于加深对老年性骨丢失、平衡紊乱以及返回地球后其他人体不适的认知。欧洲生理学模块设计能支持国际空间站寿命期内的数十个实验,因此新的科学设备必须依据空间站正在进行的研究需求纳入"联盟"号飞船上行装载物品清单。此外,由于许多样品只能送回地面分析,这些也必须纳入飞船下行装载物品清单。航天员要完成了另一项琐碎的工作是要确保在飞行前、中、后收集的数据可供地面研究人员使用。

3. 有效载荷整合

航天员在国际空间站有效载荷办公室还有另一项工作是参与有效载荷整合团队的工作,该团队负责管理和准备即将送往国际空间站的有效荷载,帮助有效载荷研发人员完成各项准备工作,并确保各设备作为一个整体进入空间站。与载人航天工程的许多方面相比,这项工作虽然看似简单,但过程其实相当复杂。

有效载荷整合实施如此困难的原因之一是空间站有效荷载来源多。很多载荷是美国航空航天局内部机构研制的,其他则是工业界和学术界提议研制的。这些载荷由被选中在太空实施的项目建议方研究人员负责研制。美国航空航天局也为国际空间站计划其他国家运送有效载荷。

有效载荷包罗万象,包括科学实验设备、新的空间站硬件和乘组将使用的装备。参与有效载荷工作的航天员,不仅要面对美国运载火箭搭载的设备,还可能面对随其他航天器上行的设备,如俄罗斯的"进步"号货运飞船。同时,他们还要参与有效载荷飞行认证的复杂过程。例如,一个相对简单的有效载荷,如一箱种子,需要通过生物安全审查。认证也意味着要遵守和满足许多政策规定和要求,见表 5.1。

表 5.1 有效载荷政策与要求示例

政策	内容
NSTS 1700B	空间运输系统和国际空间站的有效荷载安全方针和要求
SSP52005C	关键结构的安全要求和指南
NSTS 14046E	有效荷载认证要求
ECSS-Q-70-36A	空间产品保证--控制应力、腐蚀和开裂的材料选择
MSFC-STD-3029	抗应力、腐蚀和开裂的金属材料选用指南
P32928-103-2001	俄罗斯"进步"号与"联盟"号对国际合作伙伴货运要求

　　首先,航天员必须验证有效荷载。评估包括相关接口、紧固件和焊接等结构要素,其次要评估组件的主负载路径,包括压力系统、暴露状态的玻璃、旋转机构、机械制动以及密封装置。按有效荷载的一般说法,主负载路径是指将负载从结构的一个部分传递到另一部分的一组结构单元的集合。主负载路径上的结构单元要承受超出其自身重量的负载。一旦验证步骤确定下来,结构验证计划(Structural Verification Plan, SVP)就生成了,包括设计结构的详细定义、待验证的负载,以及各种硬件所要进行的测试。结构验证计划将提交给美国航空航天局的结构工作组(Structures Working Group, SWG),这意味着更多的会议和文档编制工作。

　　刚完成预备航天员训练的航天员,如果被分配来负责有效荷载,可能会有些沮丧,因为这通常意味着要花一年或更长时间主要在办公室组织会议。当其他航天员兴奋地交流着出舱活动程序和机械臂操控规程的时候,负责荷载的航天员只能祈祷不会有人问及他们在会议室里的工作!

　　在确定了结构元件和负载路径后,关注点要转到有效载荷的设计上。这是一个艰苦的过程,需要认真研读包括图纸、部件、原材料和载荷制造和组装中涉及的过程信息等资料。接下来是验证载荷,包括各种分析、验证活动,以确保安全和任务成功。验证过程必须满足各种各样的规定、要求和程序。验证的下一步是评估设计极限负载,之后文件将提交审议,有效载荷研发人员要提供一个详细的有效载荷模型,用于分析验证。负责有效载荷航天员的工作可能就是确保该模型的数学正确性,并通过一系列动态和/或静态测试装置验证其有效性。

　　航天员可能以为到这个阶段工作就要接近尾声了,然而单测试就需要数月时间。众多测试之后,有效载荷进入装配和安装阶段。这就需要更多的测试、地面处理和运输。这一阶段还需要评估发射、上升段、下降、再入、着陆和应急着陆等工况的影响,考虑诸如声学、热环境等因素,以及大气压力等其他约束条件。由于许多人参与整合过程,负责有效载荷的航天员的大部分时间都在会场中穿梭。在此期间,每天工作一般从早上 7:30 开始到晚上 6:00 以后结束。由于文档工作量太大,航天员们难免要回家继续工作,不仅在平时晚上,周末也经常如此。除了工作量巨大以外,工作领域往往也是他们所不熟悉的。对于那些曾驾驶战斗机或具有天体物理学博士学位的航天员来说,有效载荷认证和验证的行政制度非常复杂,如同火星表面一样陌生。但是,正因为他们是航天员,需要具备快速成长为专家的能力,这意味着要付出更多的努力。某天早晨他们可能要探讨某种具有高抗腐蚀的技术材料的优点,而下午他们可能要作为材料专家对材料寿命末期的复合性能和蠕变行为发表看法! 在谈论完蠕变行为(这恰好是一种固体材料慢慢变化的趋势或在应力的影响下永久变形)后,航天员不得不带几卷描述静态、动态包络和有效载荷接口要求的文献回家。

有效载荷一旦进入最后的待飞阶段,必须开展任务前的计划和协调,以明确任务需要的地面支持。这一阶段包括确定有效载荷到达国际空间站后所需的服务,例如,天地语音回路和国际空间站的下行视频功能。

虽然对于刚完成训练的航天员来说,有效载荷相关技术工作可能不太令人兴奋,但它能提供与空间站上航天员一起工作的机会,为在轨航天员提供使用有效载荷所需的信息。不过,即使认识到这一点,许多被分配到有效载荷工作的航天员仍希望调配到其他更刺激的岗位,如出舱活动项目办公室。

5.4　出舱活动项目办公室

到美国航空航天局的出舱活动项目办公室(Extravehicular Activity Project Office)工作也许是最令人垂涎的技术任务之一。出舱活动涵盖国际空间站的出舱活动以及未来月球和火星表面作业。从最早的地面准备,到太空真空中的实际作业,一次舱外行走需要付出大量努力。由于大多数航天员训练之后最终都将执行出舱活动,了解如何策划太空行走有助于他们理解日后在国际空间站上执行的出舱活动。在出舱活动办公室他们的一部分工作是编制具体任务的航天员作业程序;另一部分工作涉及完善任务预想,降低减压病(Decompression Sickness, DCS)的风险,或者测试"马克Ⅲ"(Mark Ⅲ)等新型航天服(见图 5.2)。

图 5.2　航天服工程师达斯汀·高美特(Dustion Gohmert)在约翰逊航天中心的月球场模拟环形山进行模拟工作

(图片来源:美国航空航天局。)

由 ILC Dover 多佛公司研制的"马克Ⅲ"航天服,展示了美国航空航天局的

第Ⅱ部分　为太空生活做准备

航天服技术。虽然比其他服装重(它重达59千克!),但"马克Ⅲ"航天服非常灵活,这归功于服装软硬结构的混合搭配,包括硬躯干上部,硬躯干下部,使用石墨/环氧树脂复合材料做成的髋关节,采用柔性材料连接的肘、膝、踝关节。其工作压力为57千帕,因此使用"马克Ⅲ"航天服时无须吸氧排氮。这意味着航天员能从一个大气压、混合气体空间站环境,如国际空间站,很平缓地过渡到服内环境,不会出现在含氮环境或其他惰性气体中快速减压带来的减压病的风险。目前,航天员必须在减压、纯氧环境下花几个小时来避免这些风险。最近,"马克Ⅲ"航天服参加了美国航空航天局每年的沙漠研究和技术研究(Desert Research and Technology Studies,D-RATS)领域的实地测试,测试中参试者(航天员和工程师)穿着服装完成了各种互动,并操作了车辆和其他装备。

5.5 飞行通信联络员

最受航天员欢迎的技术工作之一是在飞行任务控制中心(Mission Control Center)担任飞行通信联络员(CapCom)(该名字源于美国航空航天局最早的太空任务期间的术语"飞船通信联络员"(CAPsule COMmunicators),当时的航天器被称为飞船)。一次任务中数百人将参与任务和乘组各方面的协调工作,但并不是每个人都可以和在轨的航天员说话。因为这样只会引起混乱,导致代价高昂、甚至致命的错误。为了确保有效沟通,美国航天局让飞行通信联络员作为飞行任务控制中心代表与在轨航天员沟通。

国际空间站飞行任务控制中心为空间站各种在轨活动提供支持,确保沟通能协调、一致和高效地进行。这归功于飞行通信联络团队(见图5.3),每周7天都有人在值班。由于天地语音通信链路是非常有限的宝贵资源,飞行通信联络员

图5.3 美国航空航天局飞行任务控制中心,右边是飞行通信联络员

(图片来源:美国航空航天局。)

首先必须善于沟通。语音沟通必须简洁明了,同时能够为在轨乘组提供正确履职和了解设定工况所需的全部信息。飞行通信联络员要广泛了解国际空间站的所有系统,这样才能参与在飞行任务控制中心进行的各种讨论,制订排故计划。一般情况下,由具有飞行经验的航天员担任飞行通信联络员,因为他们充分了解飞行乘组在什么时间做什么工作。他们的训练经历和飞行经验能够确保为在轨乘组提供的指导是可行的,并充分考虑人的因素。不过,也有一些航天员还未参加过飞行任务就担任了飞行通信联络员,例如,前航天员唐纳德·托马斯。他在1994 年 7 月参加了航天飞机 STS-65 任务,而之前就已经为 STS-47,STS-52 和STS-53 任务担任了飞行通信联络员。

5.6 飞行乘组运营部

飞行乘组运营部(FCOD)在约翰逊航天中心,负责飞行乘组运营和各项目活动的整体计划、指导和管理工作。这些职责包括但不限于:预备航天员的选拔和训练、确定飞行乘组训练和模拟演练要求、对具体飞行乘组任命和训练进行推荐,对载荷专家进行认证。由于飞行乘组运营部在乘组任命中所起的作用,分配来的航天员会尽全力留下好印象,希望能借此提升在任务候选人名单中的排名。在尽可能获得关注的同时,航天员也参与进度计划和飞行程序的制定,在新程序编制中以飞行乘组的角度发表观点,确保航天员训练设计、实施、维持和安全运行。

5.7 国际空间站项目科学家办公室

对新航天员来说,在国际空间站项目科学家办公室(Office of the International Space Station Program Scientist)工作是另一项非常有用的技术工作。这些科学家往往是前航天员(例如,航天员唐纳德·托马斯 Donald Thomas 在2003 年退役后,不久成了国际空间站项目科学家)。在国际空间站上航天员最重要的工作之一是开展科学实验,所以分配参与科研工作是一次非常宝贵的经历。虽然当只有三人常驻国际空间站时科学实验的数量非常有限,但目前国际空间站拥有六名长期乘员,科学研究的进程将显著加快。另外,到 2008 年国际空间站上的实验室和研究设施会达到目前的三倍,随着欧洲航天局的"哥伦布"实验舱和日本航空航天局(JAXA)的"希望"号(Kibo)实验舱与美国航空航天局的"命运"号实验舱(Destiny Laboratory)对接,航天员参与的研究范围将得到极大拓展。

一项科学实验获准参与飞行的过程极其复杂繁琐,分配到办公室工作的航天员将参与该项工作的各个方面。从文档和会议方面来看,这个过程与有效载荷整合团队的工作没什么不同。例如,协助国际空间站项目科学家的航天员需要完成各种工作,从处理科学载荷文档到实验目标制定,从飞行程序到实验的风险评估分析,包罗万象。国际空间站任务期一般是 6 个月,每位航天员都要完成多项科学研究训练,其中一些任务需要收集日常数据,一些任务要求航天员作为被研究对象参与其中,还有一些只需要航天员不时地监视设备。例如,国际空间站声学测试项目(Acoustics Measurement Program)要求航天员用声级计收集 2 个小时的站内声环境数据,然后下传数据到地面进行分析。声学测试项目实验的目的是确保国际空间站的声环境安全、健康、宜居,乘员可在其中生活、交流和工作。该项实验确保国际空间站环境不会太嘈杂,没有令人不快的声音,也没有瞬间的声能量爆发。相反,在睡眠-觉醒活动和光暴露航天飞行试验中,需要航天员使用活动记录腕表记录睡眠日志。活动记录腕表可以自动收集睡眠模式数据。将活动记录腕表数据和睡眠日志相对照,可用于研究航天飞行和环境光暴露对国际空间站长期驻留乘组的睡眠-觉醒周期的影响。另一项需航天员参与的实验是航天飞行期间空间线索心理表征调查,航天员在飞行中和飞行后评估微重力对空间线索表征的影响。本次调查要求航天员通过几何错觉、三维场景、手写和绘图测试的方式来测量对深度和距离的感知。一项更为复杂的实验是重力对脑电动力学的影响研究,除了要测量重力对脑信息处理的影响外,还要测试大脑前额叶功能和空间认知能力。在此实验期间,视觉定向与视觉运动跟踪任务和标准脑电图(EEG)测试一起,成为评估国际空间站环境对脑电信号影响的一种通用方法。

为了确保航天员在国际空间站能够完成所有的科学实验,在地面上必须做很多工作,因为科学实验的安排必须适应航天员繁忙的工作安排。为了避免某一项实验占用航天员过多的时间,与主要研究人员密切合作,确保科学和工程的需求沟通明确非常必要。项目科学家办公室还必须确保在轨的航天员能按计划进行科学实验,同时也确保科学家们对其实验的操作和结果都满意。

5.8　探索开发实验室

另一项受欢迎的技术岗位是去洛克希德·马丁公司(Lockheed Martin)的探索开发实验室(Exploration Development Laboratory,EDL),在那里航天员有机会测试可能用于月球往返的设备。洛克希德·马丁公司的探索开发实验室支持美国航空航天局的"星座"计划（Constellation Program），特别是"猎户座"新型载人探索飞行器。在航天飞机退役后，"猎户座"是美国下一代载人航天器，可以运载六名航天员往返国际空间站，运送四名航天员上月球及月球以远的其他目的地，计划在2015年前开始实现。该实验室毗邻美国航空航天局的约翰逊航天中心，拥有最先进的测试设备，由洛克希德·马丁公司和合作伙伴——位于休斯敦的联合太空联盟（United Space Alliance，USA）和霍尼韦尔公司（Honeywell）共同资助。探索开发实验室使得洛克希德·马丁公司团队能充分利用航天员早期介入并与飞行乘组成员合作的优势，通过航天员在全尺寸低仿真度实物模型中进行的系统测试（见图5.4），美国航空航天局和洛克希德·马丁公司不仅明确了需求，还可以让未来的乘组和工程师紧密合作，共同解决应急出入口、飞行器装配、构造和功能等问题。

与洛克希德·马丁公司的工程师们一起工作时，航天员协助进行航空电子设备和软件测试、人机界面设计，参与诸如自动交会对接（Automated Rendezvous and Docking，AR&D）等系统的评估。航天员在"猎户座"驾驶舱的人因设计中也发挥着重要作用，如面板显示（见图5.5）、舱内照明、座椅位置、乘组配载、手持控制器定位以及其他人机界面设备的评估。

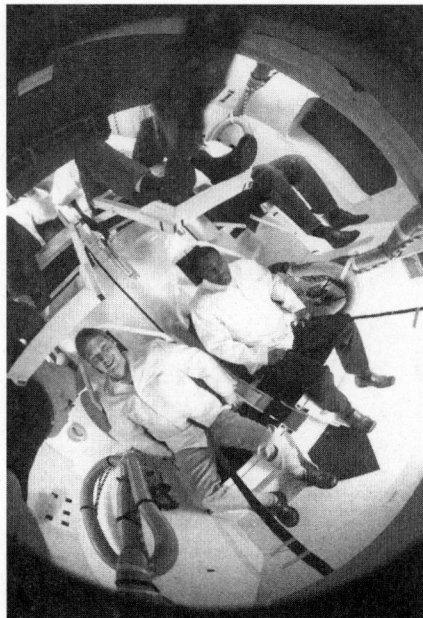

图 5.4　美国航空航天局"猎户座"载人探索飞行器的
低仿真度模型
（图片来源：美国航空航天局。）

图 5.5 "猎户座"飞船模型内部的显示屏
(图片来源:美国航空航天局。)

5.9 俄罗斯联络员

鉴于每年离家的时间长,俄罗斯联络员这份工作不太受欢迎,因为这意味着长时间待在莫斯科附近星城(Star City)。一直以来,俄罗斯联络员需要参与俄罗斯为国际空间站研制的软硬件产品的测试和集成工作,这意味着在莫斯科经常要与能源航空航天公司一起工作。除了监督国际空间站补给舱的库存和装载量外,俄罗斯联络员还要花大量时间参与编制和验证国际空间站乘组双语程序。随着航天飞机在 2010 年退役,美国航空航天局的俄罗斯联络航天员将发挥更大的作用。因为至少在 2015 年之前,美国航天局的航天员都将要乘坐俄罗斯"联盟"号飞船前往国际空间站。

或许,对于未来担任俄罗斯联络员岗位的航天员来说,最大的挑战之一就是编写双语程序。尽管美国航空航天局的航天员都希望英语是唯一的运营语言,但在俄罗斯提供往返飞船的情况下是不可能的。此外,从安全性和操作性的角度出发,所有航天员都必须清楚地理解全部程序和计划。这也是为什么在所有检查单首页上的每一步都印有两种语言。这种双语操作还体现在任务控制程序、乘组时间表、关键事件和应急操作上。

除了确保双语程序清晰易懂,俄罗斯联络员还需要加强控制团队间的工作联系,促进两个航天局之间的协调性。在任务训练期间,他/她也参加训练和演练,以确保其沟通和方法清晰明确,并参与制定各飞行控制中心间的信息交换程序。这使俄罗斯联络员经常要参加各种技术讨论和会议,有时口语交流会存在问题,需要借助翻译!

5.10 乘组保障航天员

担任乘组保障航天员（Crew Support Astronaut）是一项比较受欢迎的技术工作，作为所有乘组需求、协调、计划和交互的主要联系人。他/她也是在轨乘组在地面的主要代表，因此需要处理各种问题，从确保个人物品均已装入补给舱到料理亲人亡故等家庭事件。例如，2007 年 12 月，航天员丹·塔尼（Dan Tani）在轨执行任务时，其母亲去世。尽管是由塔尼的飞行医生肖恩·罗登博士（Dr Sean Roden）通知塔尼，乘组保障航天员在联络家人、朋友和法律顾问的过程中发挥了重要作用。

乘组保障航天员也与美国航空航天局的飞行乘组装备代表（Flight Crew Equipment Representative，FCER）一起工作，确保飞行乘组在飞抵国际空间站时所有的个人用品齐备。这听起来似乎非常简单，但航天员带入太空的每一件东西都必须符合美国航空航天局的规定。不可避免要费力完成许多文件工作！如果某一件不符合美国航空航天局的规定（纪念品时有发生），乘组保障航天员要与飞行乘员装备代表一起找到解决问题的办法。

5.11 演讲

除了他们的技术工作，航天员还必须履行附属职责，演讲和接受记者采访就是其中之一。由于航天员办公室每个月都会收到数百份演讲请求，航天员通常可以从经过筛选的会场中进行选择。例如加拿大航天局的航天员每个月通常至少用 2 天时间去国内的学校和学院演讲。对于各航天局而言，这些所谓的"蓝装"（航天员公开演讲时通常穿蓝色飞行服装，因此而得名）公共关系活动能增加对纳税人的展示度，激发公众对航天的兴趣。对于某些航天员来说，公关活动过程中也会遭遇一些令人心跳加速的事件，在试图守住正确的政治底线的同时，还要发表自己的见解，如"你相信有外星人吗？""航天员中有多少同性恋？"和"航天员在太空有过性行为吗？"。大多数时候问题要严肃得多，记者通常会询问科学、技术和太空计划方面的问题。航天员可以利用这个机会正面宣传航天局，也可以谈谈他们最爱的话题：载人航天飞行。

通常技术工作持续一年时间，取决于实际的飞行任务数量，一名航天员在得到飞行任务任命之前，可能要完成三项或更多的技术工作。虽然航天员们喜欢幕后工作，但毫无疑问的是，他们也时刻盼望着自己的首次太空之行。当然，在飞行前，航天员必须完成更多的训练！不过，在介绍任务训练前，有必要先了解一下目前航天员飞行任务的类型。

第6章　任务类型

在参加各种技术工作及从事公共关系工作期间,航天员不可避免地会想象未来某一天自己将执行的飞行任务,直到他们入选航天飞机乘组或国际空间站乘组。然而,随着 2010 年航天飞机退役,航天员可以执行的飞行任务就只剩下国际空间站驻留任务。这是因为美国航空航天局新一代运载火箭和载人探索飞行器(CEV)在 2015 年之前(最快估计)都无法投入使用。在此过渡期间,美国航天局、加拿大航天局和欧洲航天局航天员要想进入太空只有乘坐俄罗斯"联盟"号飞船,每一个座位的费用近 5100 万美元!

航天飞机的退役为美国航空航天局节省了大量资金,这笔资金可用来研发新型的运载火箭,从而实现重返月球的目标。美国航空航天局计划 2020 年重返月球,之后实施一系列的登月任务,并计划在 2025 年建立月球前哨基地。一旦月球基地建立,美国航天局就将目标转向火星。2009 年入选美国航天局和加拿大航天局的航天员可能在执行一两次国际空间站任务后进行一次短期/长期的登月任务。对那些辐射剂量不会超过职业限值足够幸运(或足够年轻)的航天员来说,他们就有可能入选火星任务乘组。本章节将对各种任务逐一进行介绍。

6.1　国际空间站任务

以下介绍的内容来自于为期 4 个月的国际空间站第 17 考察组。第 17 考察组(见图 6.1)的成员包括:指令长瑟尔杰·沃尔科夫(Sergei Volkov)和飞行工程师奥列格·科诺年科(Oleg Kononenko)(来自俄罗斯联邦航天局)以及飞行工程师格雷格·切米托夫(Greg Chamitoff)(来自美国航空航天局)。

第 17 考察组:2008 年 7 月 23 日至 11 月底

在顺利完成两次出舱活动(7 月 10 日和 7 月 15 日)之后,国际空间站第 17 考察组返回空间站进行常规工作(见表 6.1),包括站务维护、身体锻炼和科学实验。7 月 23 日,乘组启动发动机将整个空间站组合体(见图 6.2)的轨道位置上

图 6.1 国际空间站第 17 考察组

（俄罗斯联邦航天局航天员瑟尔杰·沃尔科夫（Sergei Volkov）（中间）、指令长、飞行工程师
奥列格·科诺年科（Oleg Kononenko）和美国航空航天局航天员、飞行工程师格雷格·切米托夫
（Greg Chamitoff）（位左）在约翰逊航天中心训练间歇合影。图片来源于：美国航空航天局。）

升了 7.21 千米，使轨道高度达到 351 千米。发动机点火后，乘组在俄罗斯舱段中开展常规工作，包括更换"星辰"号（Zvezda）服务舱冷凝水处理系统中的冷凝水分离器和水泵。7 月 27 日，沃尔科夫和科诺年科为"星辰"号服务舱的 SKV-2 空调重新填充散热剂。该空调自 4 月出现散热剂泄漏后就一直处于关闭状态。散热剂填充瓶由"进步"号货运飞船送上国际空间站。8 月初，科诺年科卸下了"曙光"号（Zarya）多功能货舱段太阳能帆板定位装置中的一个电子部件。之后，乘组又更换了"星辰"号服务舱舱中厕所的软管。在此期间，乘组按计划进行"联盟"号飞船下降训练和紧急撤离演练。同时，乘组持续开展科研实验任务。例如，切米托夫负责一项声学实验，将声学剂量计安装在国际空间站的各个位置（如睡眠区、工作区等）进行测试。切米托夫还负责一项睡眠研究工作，佩戴活动记录腕表并填写睡眠日志和睡眠量表，记录自己的睡眠时间和质量。

表 6.1 国际空间站典型的日常工作（2008 年 9 月 25 日）

时间	乘员	活动和工作
06:00~06:10	飞行工程师-1，飞行工程师-2	晨检
06:00~06:10	指令长	完成 SONOCARD. 实验
06:10~06:40	飞行工程师-2	起床后自由时间
06:10~06:20	指令长	晨检
06:10~06:40	飞行工程师-1	起床后自由时间
06:20~06:40	指令长	
06:40~07:30	全体	早餐

（续）

时间	乘员	活动和工作
07:30~07:40	全体	工作准备
07:40~07:55	全体	日计划会（S 波段，S-band）
07:55~08:00	飞行工程师-2	LAB 窗关闭
07:55~08:15	指令长，飞行工程师-1	工作准备
08:00~08:05	飞行工程师-2	JEM 窗关闭
08:05~09:35	飞行工程师-2	FE RED 测试
08:15~08:45	指令长	拆卸 БСК-2В 设备，需要时可与地面专家沟通（S 波段，S-band）
08:45~09:15	指令长	分别将电缆-17KC.10Ю 8210-3730、-3740、-3860БСК-1В 连接至 ACH-M（SatNav 系统），需要时可与地面专家沟通（S 波段，S-band）
08:50~10:20	飞行工程师-1	FE TVIS-4
09:15~09:30	指令长	SONOCARD. 将数据传至计算机 RES-MED
09:30~09:40	指令长	过滤装置 C02 rA иK0501 R&R。安装设备#30（CM1_4_499_1，条形码 008545R，包 363-25）。替代的装置作废弃物处理
09:35~10:35	飞行工程师-2	FE CEVIS
09:50~10:20	指令长	关闭 PRINTER1，在常规位置安装 БСК-2В 设备，在 ACH-M（SatNav 系统）测试之后，如有需要可与地面专家沟通
10:20~11:50	指令长	FE TVIS-4
10:35~10:55	飞行工程师-2	飞行中 CEVIS 工作维持
10:55~11:30	飞行工程师-2	OUM-PFE-h/w 安装
11:20~12:00	飞行工程师-1	电脑病毒库更新（RSS1，RSK1，RSK2，RSE1），如有需要可与地面专家沟通
11:30~11:35	飞行工程师-2	无线电准备
11:35~11:45	飞行工程师-2	无线电交流
11:45~12:15	飞行工程师-2	OUM-PFE 安装
11:50~12:50	指令长	午餐
12:00~12:15	飞行工程师-1	rAHK 数据导出
12:15~13:15	飞行工程师-1，飞行工程师-2	午餐
12:50~13:00	指令长	在 SM 中激活 PRINTER1，如有需要可与地面专家沟通

（续）

时间	乘员	活动和工作
13：15～14：15	指令长	Cardio-ODNT 实验准备
13：15～13：25	飞行工程师-2	DC 系统转换器和微重力测量设备激活
13：15～14：15	飞行工程师-1	协助准备 Cardio-ODNT 实验
13：25～14：25	飞行工程师-2	"哥伦布"实验舱内固定安装 K-bar h/w
14：15～14：35	指令长，飞行工程师-1	Cardio-ODNT 实验，与地面专家（VHF）交流过程中进行测试
14：25～14：45	飞行工程师-2	图片拍摄
14：45～15：15	飞行工程师-2	用软件 R11 更新计算机 PCS
15：05～15：45	指令长	сож 系统维持
15：05～15：45	飞行工程师-1	"电子"激活，提纯单位检测，如有需要可与地面专家沟通
15：15～16：15	飞行工程师-2	PCS 硬盘更换
15：45～15：55	飞行工程师-1	以太网客户端检查
15：45～17：45	指令长	在 DC1 计算中安装 cy-95 配对单位，安装 002 单位软件（фгы1пго_4_471_1，条形码 00045690R，软件包 364-8），与地面专家沟通进行
15：55～16：55	飞行工程师-1	FE TVIS-4
16：15～17：35	飞行工程师-2	组装 SODF
16：55～18：40	飞行工程师-1	组装 SODF
17：35～17：45	飞行工程师-2	CWC 调查
17：45～18：00	飞行工程师-2	开始用 LAB 冷凝罐填充 CWC
17：45～18：05	指令长	IMS 更新
18：00～18：30	飞行工程师-2	工作准备
18：15～18：45	指令长	
18：30～18：45	飞行工程师-2	停止用 LAB 冷凝罐填充 CWC
18：40～18：45	飞行工程师-1	将 TVIS RED HRM 的数据传输至 MEC
18：45～19：00	全体	组会
19：00～19：30		工作准备
19：30～20：00		晚餐
20：00～20：30		明天的食物准备
20：30～21：30		睡前自由时间
21：30～06：00		睡眠

第Ⅱ部分　为太空生活做准备

图 6.2　国际空间站和欧洲航天局自动货运飞船
（国际空间站需要定期进行轨道提升以克服大气摩擦的影响，避免国际空间
站每天下降 100 米高度。轨道提升通常由欧洲航天局的自动货运飞船（图中
左侧所示）完成。图片来源于：美国航空航天局。）

　　8 月，切米托夫完成了美国航空航天局的一系列营养学实验，包括评估长期航天飞行任务中的骨代谢、氧化损伤以及激素变化。通过尿样、血样的采集和储存，以及飞行后的数据分析而获得上述实验结果。此外，切米托夫也完成了一系列的问卷调查，旨在研究有关国际空间站密闭隔离环境的慢性作用研究。在操作实验和执行站务工作当中，乘组持续通过无线电与地面的学校保持联系，进行类似于太空授课的活动，这也是国际空间站无线电台节目的一部分。其他的活动还包括摄影，它是乘组地球观测项目的一部分。例如，在爱德华热带飓风穿越墨西哥海湾时，乘组就捕捉并且拍摄到了风暴的照片（见图 6.3）。

图 6.3　从国际空间站拍摄的爱德华热带飓风
（该风暴导致肯尼迪航天中心在 2008 年 8 月 4 日~6 日被迫关闭。图片来源：美国航空航天局。）

当切米托夫努力地进行美国航空航天局的科学实验时,沃尔科夫和科诺年科继续开展俄罗斯的相关实验,例如医学实验,包括每两周一次的小腿直径和身体质量测量以及血样、尿样分析。此外,两名俄罗斯航天员还进行了防护实验。这是为了研究微重力环境对人体的作用,需要航天员使用固定的自行车并佩戴呼吸面罩和心率监测设备进行锻炼。之后,俄罗斯航天员需要合作完成心血管(Cardio-ODNT)实验,这是针对下体负压条件下的血液循环研究。在 8 月的第二周,沃尔科夫和科诺年科再度进行站务工作,他们维修了隔振跑步机(Vibration Isolation System,TVIS)上脚踏履带,并更换了滚珠轴承部件,以确保日常锻炼的正常进行。

　　当其他俄罗斯航天员在跑步机上工作,切米托夫独自一人空闲时,他会和地面人员下"太空象棋"(见图 6.4 和 6.5)。这是美国航空航天局的一种团队建设

图 6.4　格雷格·切米托夫和地面飞控人员下棋,正认真思考下一步策略

(图片来源:美国航空航天局。)

图 6.5　飞行主管克里斯·艾德伦在思考如何阻止太空象棋赛中地面方的连败

(图片来源:美国航空航天局。)

训练方式。切米托夫可以和地面人员在一个特殊的棋盘上对弈,当天的棋局可以记录下来,第二天有空时再接着下。第一局比赛在 8 月 13 日开始,结果是切米托夫赢了。

象棋比赛结束一周后,乘组开始为计算机系统扫描杀毒,因为之前检查时发现有病毒存在,这可能是由闪存带进电脑的,其危害是盗取密码并传递给远程的服务器。这也是国际空间站不与互联网直接连接的一个重要原因。

在解决病毒问题之后,乘组将注意力转移到美国"命运"号实验舱(Destiny Laboratory)的两个实验机柜上。在 9 月底之前,"命运"号实验舱中的 9 个实验机柜需要按照计划要求转移定位到日本的"希望"号舱段中。实验机柜的装卸和转移(见图 6.6)需要航天员重新连接许多的电脑、导线和设备,工作十分繁琐耗时。在这一周的后期,乘组启动自动货运飞船(ATV)发动机工作 5 分钟,以降低国际空间站的运行轨道。这属于碎片规避策略(Debris Avoidance Manoeuvre)操作,即改变国际空间站的轨道位置,以避免与空间废物碎片出现碰撞(本次任务是躲避一个俄罗斯卫星的碎片)。

图 6.6　切米托夫在日本"希望"号实验舱中搬运实验机柜
(图片来源:美国航空航天局。)

9 月的第一周,乘组准备告别自动货运飞船。6 月,自动货运飞船为国际空间站带来了 269 升水,21 千克空气和 811 千克补给推进剂。现在,自动货运飞船将用作废弃物处理的设施。乘员花费了 31 小时将累积重量超过 1000 千克的固体负载和液体废物转移到自动货运飞船中。当货物装载完毕后,乘组需要对自动货运飞船进行安全性检查,并关闭国际空间站与自动货运飞船之间的舱门。自动货运飞船与国际空间站在"星辰"号服务舱对接口后端分离,在完成一次轨道维持操作之后,自动货运飞船将逐渐远离国际空间站(见图 6.7)直到其低于国际空间站近 5 千米。这时候,乘组将关闭空间站的自动应急系统(这一系统可启动碰撞规避机动)。

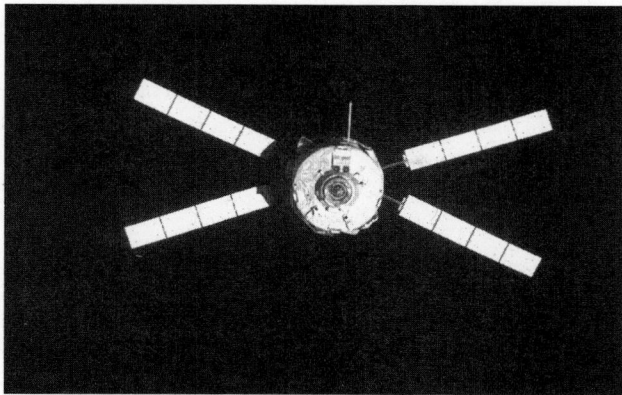

图 6.7　欧洲航天局的自动货运飞船开始与国际空间站分离
(图片来源:欧洲航天局。)

　　接下来,在乘组的日程安排中有一项是为迎接俄罗斯"进步"号货运飞船的到达做准备。9 月 17 日,在俄罗斯飞行任务控制中心和美国航空航天局位于德克萨斯奥斯丁的备份飞控团队(由于飓风的原因,在对接过程中约翰逊航天中心是关闭的)的帮助下,乘组完成了"进步"号货运飞船与空间站"星辰"号服务舱对接口后端对接。很快,乘组进入货船内开始搬运科研设备及个人物品。在对接的一周后,乘组重新定位美国舱段内的物品机柜,这一过程需要调整欧洲"哥伦布"实验舱及日本"希望"号实验舱内的布局与空间。首先需要移动乘员医疗保健系统(Crew Health Care Systems,CHeCS)机柜,一周之后需要移动人体研究设施的机柜。在机柜定位的前后,乘组需要拆卸、连接各种导线,并确认设备的状态。

　　在转移机柜期间,乘员需要继续开展各自的实验工作。切米托夫开始进行微重力下钠负荷实验(Sodium Loading in Microgravity, SOLO)。这是一项新的生命科学研究,要求他遵循一种难吃的高盐分的饮食安排,这是为了研究长期航天飞行中身体内部体液和盐分的潴留机制。与此同时,为了准备 10 月 24 日返回,俄罗斯航天员按计划开始穿着"气比斯"(Chibis)下体负压裤。不幸的是,他们的准备工作因为国际空间站厕所的故障而被打断。厕所的一个气体分离装置出现问题,需要用上科诺年科的管道维修技能。当厕所修好后,乘组开始为"联盟"TMA-13 飞船的到达进行准备,航天员沃尔科夫和科诺年科将随之离开,乘组中将会有新的乘员加入。10 月 14 日,"联盟"TMA-13 飞船与国际空间站完成交会对接,航天员尤里·隆恰科夫(Yuri Lonchakov)和迈克尔·芬克(Michael Fincke),还有世界上第六位太空游客理查德·加里奥特(Richard Garriott)将会加入乘组。在对接完成不久之后，沃尔科夫与科诺年科开始和芬克与隆恰科夫交接工作，主要是国际空间站上一些系统的详细操作内容和注意事项。接下来的一周，乘组进行一项指令长交接仪式，沃尔科夫和科诺年科也为离开国际空间站做最后的准备，如在返回舱打包样本，进行返回程序演练等。10月24日，"联盟"号飞船与国际空间站分离，沃尔科夫启动"联盟"号飞船的发动机使其远离国际空间站。之后不久，"联盟"号飞船再入地球大气层，最后在哈萨克斯坦境内，距杰兹卡兹甘市（Arkaykh）90千米的地方安全着陆。沃尔科夫和科诺年科飞行了198天16小时19分钟。

在沃尔科夫和科诺年科离开之后，芬克、切米托夫和隆恰科夫有3周的时间为STS-126的到来进行准备。在准备期间，芬克和切米托夫参加了他们的第一次定期体能测评，在进行隔振自行车功量计（Cycle Ergometer with Vibration Isolation System，CEVIS）锻炼的同时监测血压和心电图（ECG）。10月29日，"进步"号货运飞船发动机点火将国际空间站的轨道高度增加1千米提升至352千米，从而使国际空间站处于航天飞机及下一艘"进步"号货运飞船到达的轨道上。除了科学工作和轨道维持之外，乘组还需要准备常备补充物品清单，范围从维护难以管理和操作的"星辰"号服务舱厕所到更换"和谐"号节点舱温湿度控制系统散热板。11月中旬，乘组需要再次清除垃圾。"进步"号货运飞船在装满不需要的物品和垃圾之后，航天员在发动机点火之前发出分离指令使货船与国际空间站分离并下降40千米。第二天，载有7名航天员和6500千克货物的航天飞机从肯尼迪航天中心发射上空，使得国际空间站乘组人数由3人翻倍至6人，并可保障飞行至2009年6月。

当航天飞机停靠在国际空间站时，航天员开始进行数次出舱活动（见图6.8）安装一些新的硬件，例如轻型多功能试验支持承载器（Lightweight Multi-Purpose Experiment Support Structure Carrier，LMESSC）；也进行一些维修工作，如为太阳能α旋转接头（Solar Alpha Rotary Joint，SARJ）更换滚动轴承装配体（Trundle bearing Assemblies，TBA）。令美国航空航天局非常尴尬的是，当航天员正在进行舱外作业时，由于尿处理系统（Urine Processing Assembly，UPA）出现故障导致公用的水循环系统（Water Recovery System，WRS）关闭，舱内航天员却忙于进行抢修。在一系列忙碌的出舱活动和站务工作之后，航天飞机和国际空间站乘员于感恩节当天告别，"奋进"号航天飞机与国际空间站分离返回。航天员切米托夫也乘航天飞机返回地球，而以前STS-126的乘员桑德拉·马格纳斯（Sandra Magnus）留在国际空间站中取代他的位置。

由于国际空间站任务将获得有关长期航天飞行任务中航天员行为表现的重要信息，因此空间站可作为进行月球及以远探索任务的基石。毫无疑问，航天员

图 6.8　国际空间站第 17 考察组任务期间航天员进行出舱活动

（图片来源：美国航空航天局。）

们仍将享受在国际空间站的时光，而许多人也将期待人类最终重返月球之日。接下来将描述未来探索月球的主要工作内容。

6.2　月球任务

6.2.1　月面活动

美国太空探索蓝图（Vision for Space Exploration, VSE）的核心是探索未知。为实现这一目标，航天员们寻找资源，学习如何在极端环境下安全地开展工作以及探索月球表面。这些工作（见表 6.2）需要航天员们在可提供保护环境的前哨基地之外进行持续的舱外活动。

表 6.2　月球任务中的舱外活动任务

舱外活动	描　　述	舱外活动	描　　述
位置准备	考察和确定位置点	居住舱安装	挖洞
	移除岩石		将居住舱转移至地基位置
	清除控制区的灰尘		卸载、定位、确定基准线
	建立导航辅助设备		展开和充气填充

(续)

舱外活动	描 述	舱外活动	描 述
防护安装	搭建月壤支撑体	科学实验	样本收集
	为防辐射打包收集月壤		实验设备安装
	码放月壤袋,清理道路		为地质勘测绘制场所地图
			建立观测站
能源系统及温度控制系统	位置准备	后勤	从机库卸载
	从着陆器卸载设备并运输到位		拆卸
	展开和组装		运输
	雷达安装和启动		转移
	分部连接		储存
	掩体挖掘		废物处理
			储存消耗的可回收利用物品
资源操作	资源加工地点布置(压力容器、水管装置、储气罐、气泵、热交换器)	着陆器操作	维护/小维修
			燃料填充
			发射前准备和检查
			燃料库重新选位
采矿操作	设备运输到位	保养维护	检查
	系统设置(桶轮挖掘机、传送机、月壤打包设备、矿样分类/分离设备)		局部检查与测试
			系统/子系统更换
	系统重新安置		设备维修

6.2.2 仿生服

  航天员在执行出舱活动时需要穿着舱外机动套装,即航天服加上一个便携式生命保障系统(Portable Life Support System)。月球表面环境恶劣,并附加有月球低重力和月面科学考察时间带来的挑战,这就需要一套功能非常多又极其坚固耐用的服装。仿生服(Bio-Suit,见知识卡6.1)就是这样的服装,这是一个最终可能会引起人类太空探索革新的概念。仿生服的概念是用生物力学和控制论的理论和方法来扩展人的作业能力(见图6.9),由麻省理工学院(MIT)的达瓦·纽曼(Dava Newman)教授构思。他设想通过机械承压(Mechanical Counterpressure,MCP)使仿生服具有附加的皮肤功能。

知识卡 6.1　仿生服

　　20 世纪 70 年代,丹佛大学在航天飞机任务期间研发了即可使用的生物检测系统,而仿生服是以此为模型的生物仪器系统集成产物。早期的即可使用的生物检测系统由一个信号调节器、一根出舱活动电缆、一个胸骨部位背心和三个电极组成。而仿生服中,一系列部件将要进行较大地升级,它的特点是将生物传感器与服装面料相结合。这些生物传感器可以监测生物医学信号,如心功能、耗氧量和体温,而一系列生化传感器可提供体液信息,发射量测定器可测量当地的辐射环境。

　　由于月面科学考察时间更长,舱外活动地点更加隔绝,任务本身也越来越复杂,因此配有可穿戴式传感器的舱外活动系统越来越重要。这些因素综合的影响可能会导致乘组航天员注意力分散和疲劳程度增加。然而,当在一个偏远地点出现意外或航天员极度疲劳时,通过可穿戴式传感器系统提供的信息可提高航天员的生存概率。

图 6.9　未来登月服:仿生服

(图片来源:纽曼,麻省理工学院教授。)

　　美国航空航天局最轻的舱外航天服重量至少有 40 千克,而纽曼的紧身仿生服的重量将少 2~3 个数量级,甚至更轻。服装质地以弹力纤维和尼龙为主,多层的服装紧紧地包裹着身体轮廓,就像是人体的另一层皮肤;同时它的机械承压技术确保可以为体表提供持续的压力。这一压力是需要的,它不但可以对抗月球表面的真空环境,维持身体内环境稳态,还可以避免血液潴留。

到目前为止,在体表维持压力的方法是通过利用体积庞大的气体增压系统来实现的,如美国航空航天局庞大的舱外航天服。而机械承压技术的产生完全可以取代传统舱外航天服的气体增压系统,即使在身体移动时,服装也只会发生极小程度的伸展。仿生服的另一个优点是它的折中性:如果美国航空航天局的舱外航天服出现破漏,哪怕只是一个很小的划破口,乘员必须马上返回飞船进行减压处理;而同样的破损发生在仿生服上,只需要用绷带缠紧即可。

6.2.3 月球科学

穿着仿生服,执行月球前哨任务的航天员们将有更多的时间进行科学研究活动,如下所述。

1. 天文学和天体物理学

按照计划,未来月球背面有 194068 平方千米可供选择用于建设月球基地。其中,伊卡洛斯月球观测基地距离地球最远。由于没有空气和阳光因素的干扰,天文学家可以建立一个完美的光学和无线电望远镜。当然,航天员除了需要组装安置月球观测基地之外,还需要去除因太阳风而带电、因静电作用而附着在观测组件上的月尘。

对于居住在月球上的人来说,研究月球辐射环境特别重要,旨在确定月球辐射环境的特征和预测。由于月球在地球的磁场之外且没有大气层,人体很容易受到高能太阳粒子和宇宙射线高速粒子的持续撞击。通过在月球表面安装大型高能宇宙射线探测器列阵,天体物理学家可以测量照射月球表面的辐射能量,并可以由此预测严重的辐射爆发事件。再次重申,安装这些设备是驻留在月球上的航天员的工作。

2. 地球观测

月球表面是遥感平台的理想位置,因为它提供了对地球的全球观察。合成孔径雷达可以利用这一特点能够生成高精度的地球地貌、高度和植被图片。月面也为同时观察地球和太阳提供了绝佳的观测点,可以帮助科学家们了解地球大气层对太阳活动的反应,相应地有助于预测长期的太阳变化对气候的影响。凭借能观察地球全貌的优势,可整理核对地球表面的矿藏、土地利用、陆地变化和生物资源利用等相关信息。再次重申,航天员们将在展开和维护设备方面起到关键作用,而这些设备是帮助只在地球上的科学家们实现这些目标所需要的。

3. 地质学

航天员进行的首批地质调查项目之一可能是获取月震的相关数据,为月球居民提供确定安全区域和有地震活动倾向区域(见图 6.10)的手段。除了揭示所在地的危险,地震探测也将帮助地质学家明确地幔特征,识别出掩埋的熔岩管,并深入了解行星演化和地壳起源的过程。

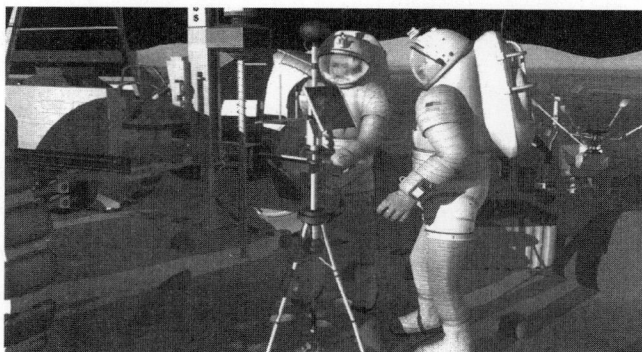

图 6.10　航天员在月球上进行地震探测的效果图

(图片来源:美国航空航天局。)

其他的地质研究内容还包括内生(源于月球内部)过程和外成(外部给予)过程的特性描述,这些过程导致月表挥发物的沉积。这些研究将建立挥发物分布的预测模型,它有助于获得用于原位资源利用(In-Situ Resource Utilization,IS-RU)的材料。类似的研究将针对描述月球的一般地质特征开展,通过调查出现在月壤中的材料以确定位置和识别出对开发月球前哨基地很有用的要素。完成这些研究将要求航天员们使用月球车到各点勘察采样(见图 6.11)。

图 6.11　美国航空航天局的月球车

(图片来源:美国航空航天局。)

除了地质勘探,航天员们还需要调查研究月壤。这些调查对于确定潜在的原位资源利用地点以及帮助了解太阳粒子、银河宇宙射线(GCRs)以及星际介质中尘埃的性质和历史将是必要的,所有这些都保存在月壤中。月壤的研究也将提供信息,让地质学家们能够更好地描述没有空气和水的行星太空风化的过程。这些研究需要航天员们勘查月壤成熟度,识别古老的月壤区和新的月壤区。这些数据将用于了解风化过程,也为了解资源开采的潜在风险提供参考。

4. 材料科学

材料科学家们努力的一个主要目标是设计出减轻危害对策,旨在确保硬件的健壮性,特别是在延长到 6 个月甚至更长时间的驻留期间。为实现这一目标,航天员们将开展调查,研究低重力、超高真空、辐射侵袭、热循环以及可能是月球居民最头疼的月尘问题。研究这些月球环境因素累积效应的特征,将使工程师们能够就最适合在月球上使用的材料问题做出明智的决定。

5. 生理适应

对地球上从事研究长期月面驻留生理效应并确保乘组航天员健康与安全的生理学家来说,未来数十年执行月球探测任务的每一名航天员就像是实验室中的小白鼠。关于低重力环境对人体的影响已有一定程度的了解,但其他方面,如深空辐射高速粒子撞击的影响,仍需要进一步深入研究。除了研究长期月面驻留人体生理响应特征,也必须开展人因方面的研究,例如帮助航天员应对长期隔离的影响以及通信延时对绩效和任务协调影响的对策。通过航天员们在月面驻留期间及任务后科学家们对返回乘组成员的检测,将逐步积累这些数据。

6.2.4 原位资源利用

原位资源利用是指使用任何硬件或操作进行开采和利用自然或废弃的现场资源为机器人探索和有人探索创造产品和服务的过程。例如,在月球上自然的现场资源包括月壤、矿物质、挥发物、金属、水冰、阳光以及温差,废弃的现场材料包括月面着陆器的下降级、燃料罐和乘组垃圾。

确保航天员在月面生存是原位资源利用的首要任务之一。这需要航天员们用月壤覆盖在居住舱外,以保护自己免受恶劣的辐射环境的伤害。当居住舱建成后,将进一步开展原位资源利用,乘组将开始利用月球材料制造水和氧气,用作环境控制生命保障系统故障时的应急供给和舱外活动任务的消耗品来源。

1. 提取水冰

对"阿波罗"任务采集的月球土壤样本的分析结果显示,月球土壤中富含氧、硅、铁、钙、镁和钛元素,通过各种处理技术,这些元素都可以从月壤中提取出来。除了开展各种原位资源利用项目的研究之外，航天员还可能被赋予从月球南极附近冷阱区发现的富含冰的月壤中提取水冰的任务。"月球勘探者"号探测器的中子谱仪的最新数据分析结果显示，在月球极区永久黑暗的冷阱地带可能含有近 3 亿吨的水冰。航天员可以用月壤还原反应器提取水冰，该反应器工作时利用太阳能直接对月壤进行加热。

2. 加工建筑材料

随着月球前哨基地的扩大，对建筑材料的需求将会日益增加。相比于花巨资从地球运输这些材料，在月球上就地取材则明智得多。航天员可能用于从月球土壤中开发建筑材料的一个方法是烧结。在烧结过程中，土壤被加热，并且将温度始终保持在熔点以下，这样可以让粒面的黏性流在颗粒之间构成颈区，将颗粒连在一起。对"阿波罗"14 号任务带回的月球土壤[2]进行烧结的研究表明，烧结形成了一种多孔、易碎的材料，然而材料的黏着性可以通过更高温度和更高压力得到提升。毫无疑问，航天员们将大量参与这些程序的试验；因此，他们将可以在自己长长的履历表上增添一项"地球外建筑师"。

3. 采集氦-3

除了科学研究、水冰提取、土壤烧结活动，航天员们还要进行采矿工作。1985 年，威斯康星大学（University of Wisconsin）的实习工程师发现，"阿波罗"17 号任务科学家航天员哈里森·施密特从月球卡默洛特（Camelot）火山口边缘采集的月球土壤样本富含一种特殊的氦同位素氦-3（He-3）。这一发现引起相关领域科学家的极大兴趣，因为氦-3 的原子结构独特，使之成为能产生大量电能的核聚变的完美燃料。除了威力巨大外，氦-3 还拥有无污染、不产生放射性副产品的特性，使之成为 21 世纪的理想候选燃料。遗憾的是，在地球上几乎不存在氦-3，但科学家们估计月球上可能有 100 万吨的氦-3，足够满足全世界几千年的能量需求。

当太阳发出的一连串带点粒子组成太阳风吹向月球的时候，氦-3 会沉积到粉末状的月球土壤中。这一过程持续了数十亿年，因而在月表土壤中积累的氦-3 多到足够进行开发挖掘。氦-3 的采集需要航天员们接受采矿技术训练和机器设备操作训练。提纯后的氦-3 将会以压缩气体或低温液体的形式被存储，随时可以通过无人飞船运回地球，而无人飞船也是通过从月球提取推进剂系统进行燃料补给。

6.2.5　制氧

为了确保月球前哨基地的自治和长期稳定发展，航天员们需要利用月球的天然资源生产月球液氧(Lunar Liquid Oxygen,LLOX)。原位资源利用不仅节省了用于运输系统推进剂的费用,而且还能对航天员们在月面生活提供支持。幸运的是,氧是月球上最丰富的元素,但问题在于,月球上氧以诸如铁和钛的化合物形式存在,它必须从岩石和土壤中提取。

1. 加热提取氧

航天员可能会用于生产氧气的一个简单方法是将月球土壤加热至 900℃[3]。在这个温度下,月球土壤中的氢将被释放出来,并且可与氧化矿物发生反应并生成水,这一过程与用氢还原钛铁矿的过程类似。然后可以使用电解的方法将水分解成氢和氧。虽然这一过程简单而且开发不困难,但其主要缺点是需要加工大量的月球土壤。不过,加工过程中可能同时会产生氧、氮和氢,可以在一定程度上弥补这一不足。

如果一切都按计划进行,美国航空航天局(可能需要欧洲航天局的帮助)将于2025年建立一个月球前哨基地。正如国际空间站是验证月球前哨基地的技术验证平台,月球基地也将成为火星任务的发射基地。

6.3 火星任务

从任务持续时间、与资源供给和援助来源隔绝等方面来看,火星之旅比沙克莱顿(Shackleton)、阿蒙森(Amundsen)、南森(Nansen)这三位伟大的南北极探险家所完成的壮举更艰难。一旦踏上从地球至火星的旅程,乘组将无法进行物资补给,只能依靠有限资源维持自身需要以及飞行器维护保养需求。国际空间站配备了一个救生船,当空间站系统出现严重故障时能够确保乘组安全,或航天员突发急病时可以保障其安全返回地球,但飞往火星的航天员们就没有如此奢侈的保障了。飞往火星的飞行器点火发射之后,航天员乘组只能遵循飞行器设置的轨道飞往火星,地面所给予的支持将仅限于通信和地面经验。

6.3.1 旅途中乘员活动

火星之旅中,航天驾驶员每天第一项任务便是检查航天器的轨道是否偏离火星方向。如果飞行轨道偏离,必须利用飞行任务控制中心计算的修正脉冲参数和惯性导航系统(Inertial Navigation System,INS)提供的信息进行飞行轨道修正(Trajectory Correction Maneuver,TCM)。在确定他们仍在既定的航线上之后,乘组将在居住舱安顿下来开始日常生活和工作。

1. 意外事件

旅程中可能出现的意外事故难以估计,而航天员肯定会逐渐熟悉应对这些突发的特殊情况。这些意外事件中,有些是无危害的,有些是误报警,大部分都不危及生命,但是有些事件可能危害到乘员和任务。

最有可能的威胁因素是太阳粒子事件(Solar Particle Event,SPE) ,一股潜在致命的辐射可能引发太阳耀斑自动警报。尽管飞船在设计时就考虑到了来自太阳和宇宙射线的威胁并设置了防护措施,但是来自太阳粒子事件的强剂量辐射还是有可能威胁到航天员的生命安全。在经历太阳粒子事件的过程中,航天员们需要撤离到航天器的风暴庇护舱内,并且密切监视个人辐射量剂量计的读数,测量身体所吸收的辐射剂量。

2. 探险服装

航天员在飞行的大部分时间里需要穿着由防火面料制成的两件套,包括一条裤子和一件衬衣。同一件衣服需要穿多长时间?目前这个问题还没有固定答案,因为还没有关于星际级飞行任务服装更换的文件标准。由于航天器上没有洗衣机,航天员们只能携带几套衣服。但是由于空间限制,所带衣物的数量显然会有一个限制。例如,如果乘员每周更换一次任务服装,那整个旅程将需要超过300 件服装,这将导致重量显著增加。因此,乘员们可能每个月只能更换两次服装。

3. 卫生

火星飞行的卫生标准可能与目前国际空间站通用的标准存在明显不同。航天员依旧可以剃须、剪指甲、刷牙、洗脸、洗手,但是由于空间限制,每日洗澡将是一项非常奢侈或不可实现的活动。考虑到载人航天器内的狭小空间,可能会设有一个折叠的浴室,航天员可以打开后安装使用,每周 1 至 2 次。

4. 锻炼

尽管航天员对体能锻炼具有愉悦精神的作用已经有了深刻的认识,但是对于长期处在微重力环境的航天员们来说,每天跑步/骑自行车 3 ~ 4 小时还会带来其他好处。从大量长期航天飞行任务中获得的证据可以证实,航天员们长期处于失重环境不仅会骨质疏松也会肌肉萎缩。骨丢失是航天任务计划制定者们最关注的问题,因为航天员们的骨骼可能会变得非常脆弱,以至于在火星的重力作用下很容易骨折。长期在国际空间站驻留的航天员们知道骨丢失的潜在危害,因此他们都严格遵守空间站的运动规定,每天在跑步机上或自行车功量计上锻炼至少 2 小时。即使严格按照要求进行锻炼,航天员们回到地球时下体骨量仍会丢失近 10%。

5. 食物准备

对航天员而言,探索任务和长时间的失重飞行对食物准备也是一种挑战。在飞船中没有电冰箱或冰柜,因此食物只能是热稳定性高、经过辐照、冻干或罐装的食品。由于在飞行中不能接触朋友和家人,缺少通常的娱乐活动,再加上长期密闭隔离的影响,食物的重要性被凸显,乘员会将注意力集中在食物上,吃饭成为个人生活满足感的替代来源。因此,准备食物的工作也变得有趣了,作为单调的日常锻炼和飞行状态监视工作的调剂。而且,有一些航天员还会趁着工作节奏较慢的时候,花时间为乘组精心准备食物。

6. 途中工作

考虑到火星飞行的时长,任务计划制定者们会尽量避免单调无聊成为星际旅行的主要应激因素。因此,在设计工作负荷的时候应当确保乘组内乘员的任务分配均衡。任务可能包括常规应急模拟、火星登陆准备、降落程序复习以及锻炼等。然而,即使每天按照精心编制的日工作计划完成工作,航天员有的时候还是会觉得无事可做。

7. 私人通信

在火星飞行过程中,信息传递无法像目前近地轨道任务那么方便。与以往所有的航天飞行任务不同,航天员们在飞往火星的旅途中由于受到通信延时的影响将无法保证双向即时通信,随着任务的进展这一现象变得愈加明显。事实上,当航天员到达火星表面后,通信延时效应将达到20分钟。由于通信延时,乘员们将从他们的私人区域上传记录个人通信信息。这些信息将通过扰频器发出,以确保信息传递的私密性。

8. 和睦相处

在星际飞行任务中,航天员的工作压力很大。幸运的是,航天员通过训练能够比绝大数人更好地应对这些压力。对航天员而言,他们必须面对各种各样的危险,如爆炸减压、辐射疾病导致的慢性死亡、设备故障,此外,他们还要月复一月、不分昼夜地生活在狭小密闭隔离的舱体内。而火星任务乘组承受的压力又掺杂了任务的复杂性、任务的难以中止性以及长时间远离家人、朋友的痛苦。与其他乘员一起生活几个月,就像是一个小型社会,毋庸置疑,也会对乘员产生额外压力。为了缓解星际飞行的紧张与焦虑,乘员们需要找到放松的途径。

9. 休闲时间

南极科考站、核潜艇、极地探险以及之前的长期航天飞行任务开展的研究工作为了解航天员可能偏爱的娱乐活动提供了参考。

根据这些研究报告,航天员在非工作时间最喜欢做的事就是聊天,随着任务进行,阅读会占据越来越多的时间。排名靠前的娱乐活动还有看电影,看电影恰好也是在核潜艇上最受欢迎的休闲活动。由于长期应激压力条件下娱乐休闲对维持心理稳定的重要作用,极有可能为乘员们提供丰富资料,包括文学作品、电视节目录像、故事片、学习资料以及广播录音等。

在火星旅途中,可以每周开展系列讲座作为娱乐活动,这一传统起源于极地探险。乘组乘员每次轮流为其他乘员进行一次讲座,内容可能包括火星地理、大气捕获细节,以及如何协助乘组医务员在乘员遭遇快速减压事故时进行处置。

10. 飞行中的医疗保障

医疗保障对于载人火星飞行而言非常重要,在乘组中至少有 1 人是接受过专业医学培训的医师,其他乘员应当接受乘组医务员(Crew Medical Officer, CMO)的全面训练。这项训练是必要的,因为航天器上对设备空间和重量的严格限制,医疗以及麻醉设备必须以最小配置覆盖全面需求,尤其是最可能发生的情况。

医疗护理还应包括对乘员行为健康的维护,例如美国航空航天局在任务期间就设有精神病医生和心理医生组成的团队,他们具有与航天员及其家人一起工作的丰富经验。航天员行为健康监督的主要方式是私人心理会议(Private Psychological Conference, PPC)以及乘组医务员执行的心理诊断测试。诊断测试的结果将被传送给地面控制中心的乘组医生,乘组医生将根据这一结果提出相关的治疗措施建议。

一些人员认为对火星乘组密切监控是没有必要的,因为这些乘组是经过了严格选拔挑选出来的。尽管严重的或危害任务的心理事件及精神疾病发生的可能性很小,但是一旦发生严重精神疾病,对无法中止的远征任务来讲将是一场灾难。

6.3.2　乘组登陆星面的初始操作

当乘组经历了进入火星轨道、大气减速、大气俘获、飞船再入、飞船下降以及着陆(Entry, Descent, and Landing, EDL)等一系列艰难险阻到达火星后,他们将开始星面操作。

在登陆之后,指令长马上按照着陆后检查清单进行全面的检查,之后根据着陆点及飞船系统的完好情况确定是否在该位置停留。接着,乘员需要准备适应火星表面的重力,为他们在火星行走的第一步做准备。由于身体长期处于微重力状态,在初期适应火星表面重力的过程中航天员感到方向混乱。在 3~4 天的适应之后,乘组将开始准备第一次的火星出舱活动。乘组中最善于表达的乘员将第一个出舱,紧握扶梯的手柄,缓慢踏上火星表面。

6.3.3　乘组长期驻留星面的操作

在日常洗漱并吃完复原麦片和星巴克咖啡组成的早餐之后,乘组开始准备火星表面工作。穿着好舱外服后,两名航天员进入出舱舱段,通过气闸舱,准备登陆火星表面。另一名乘员则留在舱内准备为他们星面活动提供支持与协助(见表6.3)。

表 6.3　科学活动及其他工作与生活内容

科 学 活 动			
活动	舱内	舱外	机器人
地质学	岩石分析	野外地质学	样本采集
	地球化学	地图绘制	空中勘测
	样本贮存	地形学	局部分辨率图
	年代测定	地层学	多光谱制图
	遥操作火星车	钻井	
地球物理学	显示	活动地震源电磁探测	区域局部地球物理网络(地震学)
	数据分析		
	系统操作		
气候	逸出空气分析	水文历史	空中勘测
		近期循环变化	
气象学	显示	气象前哨站	局域网络
	大气成分	系留气球	
宇宙生物学	文化样本	探索可能有宇宙生物的环境	机器人野外工作
	行星检疫	液热区	
	返航感染控制	地下深层	
		钻井	
其他工作与生活内容			
到达火星表面	接通电源,组装居住舱,升旗		
前哨基地建设	组装结构及能源系统,部署散热器		
健康维护	常规医疗监控,包括辐射暴露、运动能力和骨丢失测试		
乘组会议	日常会议,内容包括讨论近期和未来探索活动的计划以及计划的变更		
乘组的休闲娱乐	徒步或乘火星车在火星表面游览		

首要任务之一便是展开钻井设备,开始寻找水和生命的证据。在使用不加

压的火星车探索较远的区域之前,航天员们将用几周时间在不同位点采集岩心样本(见图6.12),描述出停留区域的特征信息。6~8小时的火星表面工作之后,航天员们将返回居住舱内。回到舱内后,航天员们在虽小但舒适温馨的居住舱内放松、休息,互相帮助准备晚餐。

图 6.12　登陆火星航天员在提取岩心样品的效果图

(图片来源:美国航空航天局。)

6.3.4　离开前的准备及离开

在火星表面的最后几天,乘组开始进行离开前的准备,包括清理居住舱、处理垃圾、将系统调至待机或关闭模式以及确认上升飞行器的各系统状态。在火星的最后一天,乘组将执行最后一次出舱活动,将样本装载至货舱,然后便要准备返回火星轨道了。

介绍了未来20年航天员可能执行的任务类型之后,为这些任务开展哪些共同训练也值得我们思考。由于当前和即将进行的远征任务的复杂性,在任务准备中虚拟环境和模拟训练将越来越重要。

6.4　模拟和虚拟环境训练

6.4.1　虚拟环境生成器训练

在航天员们第一次执行国际空间站任务之前,他们使用虚拟环境生成器(virtual environment generator,VEG)进行部分熟悉性训练。虚拟环境生成器(VEG)是一种虚拟现实系统,可以模拟微重力环境的某些要素,训练航天员在新的环境(如国际空间站和月球居住舱)中的方位识别能力,以对抗空间定向障碍。虚拟环境生成器(如图 6.13 所示)包括了一个头戴式显示器(Headmounted Display,HMD),其位置和姿态可以驱动计算机生成与操作者头部位置和姿态相一致的图像场景。这样的合成图像可以让操作者在国际空间站虚拟场景中移动,甚至穿越到火星表面。

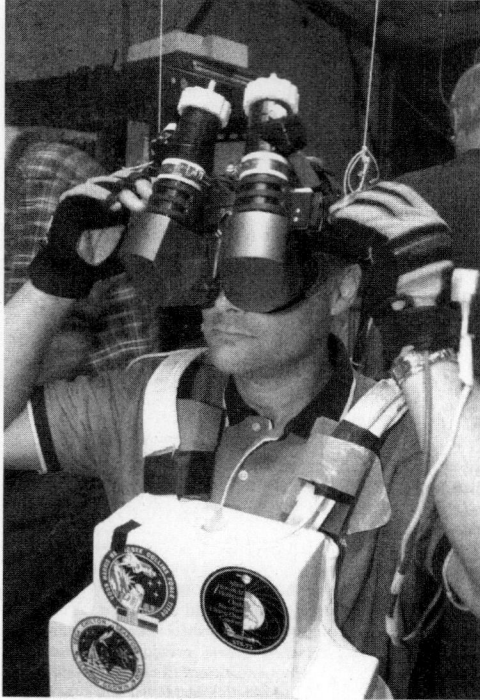

图 6.13　虚拟环境生成器
(图片来源:美国航空航天局。)

当航天员佩戴虚拟环境生成器设备时,从头盔显示器中可以看到空间站/月球居住舱的内部场景和一个空间稳定的虚拟控制面板,还能可看到航天员手的虚拟图像。当航天员移动自己的手时,虚拟的手也会移动。当航天员的手穿过虚拟控制面板时,图像计算机的碰撞检测软件会检测到,从而使航天员能够与虚拟开关或物体进行交互,进而对居住舱内的设备进行控制。依靠触觉及力学反馈系统,航天员能够在操作虚拟居住舱的设备过程中,体验到移动阻力、质感、质量和压缩特性。为了帮助航天员在虚拟舱训练,设计了提供声音提示的系统,例如抓握物品或物品掉落时的声音,及操作虚拟开关的声音。视觉和听觉信号的合成作用增强了呈现给操作者的视觉信息,有助于提高乘组在居住舱内操作能力。

数据压缩技术可以使真实舱中能看到的所有设备都能呈现在虚拟舱中。在软件设计时考虑了人的行为效应和实时操作的碰撞效应,这也意味着,不管操作者在这一环境中移动得多快,都不会感觉有视觉延时出现。实时操作可以使操作者最大程度地体验到真实环境和互动性,这对于乘组执行需要进行训练的任务是非常有必要的。

6.4.2　模拟环境训练

纵观空间探索的发展历程,模拟环境自始至终在航天员训练中发挥了极为重要的作用。考虑到高逼真度模拟对于航天员进行探索及科学活动潜在作用,飞往月球和火星执行任务的乘组也必将在下述的一个或多个模拟环境下开展大量训练。

1. 南极

南极所具备的一些特点,使之成为星际模拟设施的重要候选地。第一,南极大陆人烟稀少,环境恶劣,已证实自从 1946 年以来美国的南极计划有超过 60 人死亡。然而,凭借适当的后勤保障与安全意识,在此进行训练的风险程度处于可以接受的范围。第二,南极大陆与世隔离的特点,使之成为长期隔离条件下的人因研究以及小数量人群研究的理想模拟环境。在冬季的几个月期间,除了无线电通信和偶尔的飞机空投物资补给,居住在南极的人几乎完全与世隔绝。还有比这里更适合进行月球和火星任务模拟研究的地方吗?第三,《南极条约》为国际合作探索和科学研究提供了一个成熟的框架,这些国际合作探索和科学研究与设想的载人登月和火星任务的模式相似。

2. 霍顿火星项目

加拿大极地区域虽然不如南极那样与世隔离,但它还是被用作一个行星模拟设施地已 10 多年。霍顿火星项目(Haughton Mars Project,HMP)由美国航空航天局和加拿大航天局共同资助,旨在模拟火星任务,可能是迄今为止最成功和广为人知的行星模拟计划。

霍顿火星项目是一项国际性跨学科实地研究计划,在临近加拿大德文岛的霍顿火山口进行。该项目由火星研究所、美国航空航天局、搜寻外星文明研究所(Search for Extraterrestrial Intelligence,SETI)、加拿大航天局联合开展,利用德文岛和火山口与火星类似的特点,开发和评估未来载人火星任务可能用到的新技术和野外作业程序。

3. 参加人员

每年夏天,数十名研究人员、学生、保障人员以及媒体人员来到霍顿火星项目所在地。有些人会在这里度过整个夏天,另一些人则会短暂停留几天或是几周时间并进行人员轮换。2008 年,霍顿火星项目庆祝了其第 12 个外场作业季,科学家和研究人员分别来自温哥华的西蒙·弗雷泽大学、美国航空航天局的艾姆斯研究中心(Ames Research Center, ARC)、加拿大航天局、火星研究所、美国汉胜公司(Hamilton Sundstrand)、麦吉尔大学(McGill University)和美国国家空间生物医学问题研究所(NSBRI)。大多数成员和海军 C-130 乘员们一起到达,海军 C-130 乘员负责运送保障霍顿火星项目的实验设备、研究装置和探索车。研究人员在霍顿火星项目基地乘坐越野车或徒步行走,出行期间还需要经常穿着类似于将来在火星表面穿着的航天服。

4. 环境

虽然霍顿火山口是一个寒冷、干燥、土地贫瘠、布满灰尘、多风、平均温度只有零下 17℃ 的地方,但与平均气温为零下 60℃ 且具有致命辐射的火星相比,霍顿火星项目模拟地点相对来说则是比较舒适的地方。虽然霍顿火山口可能缺少火星表面环境的某些要素,但它是评估有助于未来火星探索策略正确方向的一步。

霍顿火山口的典型特征是古代湖床、岩石群、峡谷和深沟。虽然火星上的岩石成分有所不同,但是霍顿火山口冲击沉积物的物理特性还是为驻留在那里的科学家们提供了一个很有价值的模拟环境。最近从"奥德赛"号火星探测器上获得的中子谱数据提供了火星地下浅表层的冰沉积物的证据,而该冰沉积物与霍顿火山口地表下的冰相似。

除了地表下的冰沉积物,霍顿火山口还具有热液活动的残留特征和纵横交错的沟道,这与火星表面成网状的小河谷极其相似。也许霍顿火山口最有价值的贡献是有生命的存在。无论是夏天的强紫外线辐射环境还是冬天的恶劣天气,霍顿火山口微生物都能够适应并存活下来,这提示了火星上存在生命的可能性,对拟在火星上寻找生命具有潜在的影响。

6.4.3 美国航空航天局极端环境作业任务项目

宝瓶座实验室(Aquarius)是唯一一个空间模拟研究场所(见图 6.14),距离佛罗里达州国家海洋保护区(Florida Keys National Marine Sanctuary)拉戈岛(Key Largo)16 公里。作为世界上唯一的海底实验室,该设施为航天员长时间在海底驻留提供了生存场所。宝瓶座实验室内的空气被加压以平衡周围水的压力,这意味着乘组人员必须呼吸加压空气。连续几天呼吸加压空气意味着这些海底实验室工作人员体内的氮气将处于饱和状态,这就要求他们在水下停留满 2 周后进行长达 16 小时的减压上升至海面。

1. 海底任务

宝瓶座实验室的环境与航天员在空间所处的工作生活条件极其相似,因此美国航空航天局借助该设施进行为期 2 周的任务和出舱活动模拟训练就不足为奇了(见第 7 章)。

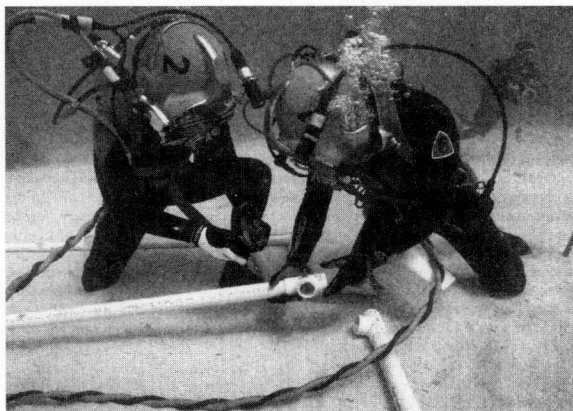

图 6.14　约瑟夫·F. 施密德(Josef F. Schmid)与航天员约瑟·M. 赫尔南德斯(Jose M. Hernandez)参加第 12 次 NEEMO 水下舱外活动训练

这些模拟是美国航空航天局极端环境作业任务项目的一部分。为期 2 周的任务计划安排方式与国际空间站一次驻留任务的阶段非常相似,每名乘员都有详细的活动时间表,每项活动都有具体的时间段,包括舱外作业、睡眠、杂务和卫生清洁。极端环境作业任务项目中的海底实验室工作人员实施最多的一项活动是潜水,以模拟空间出舱活动,这需要提前进行计划并制订一系列的阶段目标和任务目标以及时间表。在进行水下出舱活动时,航天员们要进行通信任务练习,例如用船-船通信方式模拟与国际空间站的通话,甚至还有组装太阳能帆板这样的建造性工作。

2. 探索操作

在为期 2 周的水下任务期间,乘员们有机会练习未来可能用于载人登月/火星任务的各种类型的操作和技术。例如,航天员们练习操作遥控车辆(Remotely Operated Vehicles,ROVs),提供了与在月面上操作月球车相似的训练。他们也偶尔进行寻宝练习,设法找出执行搜索和营救的最佳方式。寻宝练习开始时,一名乘员将标志物沿着礁石随机扔下,然后其他乘员到居住舱外,借助多普勒导航和转发器并利用各种搜索技术去寻找标志物。

毫无疑问,宝瓶座实验室是一个高仿真度模拟设施,能模拟航天飞行的许多方面。由于仅有 2 周的时间,航天员们没有机会体验他们在长达 6 个月的国际空间站驻留期间以及 3 年的火星之旅中将要面对的密闭隔离环境。因此,需要隔离舱室来实现这一功能。

6.5　火星 500

最近,欧洲航天局准备开展一项为期 500 天的模拟火星飞行任务,命名为"火星 500"。(译者注:"火星 500"试验是由俄罗斯组织多国参与的国际合作大型试验项目,志愿者包括 3 名俄罗斯人、1 名中国人、1 名法国人和 1 名意大利人。)该研究的第一部分目标是将经过严格选拔的 4 名志愿者封闭在一个隔离舱内 105 天,并已于 2009 年 3 月 31 日开始实施。这个阶段之后紧接着就是长达 520 天的完整隔离阶段。用于该研究的隔离舱的一部分(见图 6.15)用来模拟运送航天员往返火星的宇宙飞船,另一部分模拟运送航天员在火星表面登陆以及离开的着陆舱。

图 6.15　用于欧洲航天局"火星 500"任务的隔离舱的俯视图
(图片来源:欧洲航天局。)

该试验设施(见表 6.4)坐落在莫斯科生物医学问题研究所的一栋建筑内,包括隔离舱室、操作间和技术设施。布局包括四个密封互连的居住舱,以及一个用于模拟火星表面活动的外置舱。所有居住舱总容积为 550 立方米。

表 6.4　"火星 500"试验设施

舱体	空间/米	名称	描　述
1	3.2×11.9	医疗舱	2 张床位、一个卫生间、常规医学检查设备,也包括远程医疗和诊断调查设备
2	3.6×20	生活舱	主要生活区由 6 间个人隔间、1 个厨房−餐厅、1 个主要控制间、1 个盥洗室组成。每间乘员个人房间 2.8 m×3.2m①,配置一张床、一张桌子、一把椅子和一个架子
3	6.3×6.17	火星登陆舱	该舱室仅在 30 天的环绕火星轨道运行阶段使用。包括 3 张床、2 个工作台、1 个盥洗室、控制和数据采集系统、通信系统、通风系统、废弃物处理设施、灭火系统
4	3.9×24	储物舱	由 4 个区间组成: 区间 1 冰箱 区间 2 不易腐烂的食品储藏间 区间 3 实验温室 区间 4 浴室、桑拿房和健身房

①译者注:原著中此数据可能有误。

　　一旦被隔离在密闭舱内,这些参与者受到的限制与从事航天任务的航天员相同。例如,他们与家人和朋友的通话是通过模拟的飞行任务控制中心进行,并且与所有航天员一样,他们也要接受全面的测试和评价。科学研究包括尿液、血液、心电图、睡眠质量、运动影响和食品补给等方面的分析,试图帮助开发可能用于真实载人火星任务的对抗器械和技术。

　　由于需要训练,航天员们不可能被要求在隔离舱里度过长达 500 天的时间。然而考虑到火星考察任务中独特的社会心理需求,任务策划者为火星乘组在类似的设施中安排至少数月的体验时间还是极有可能的。这种演练使任务策划者和乘组确信不存在可能危及任务的人际关系冲突,同时也增强了密闭隔离环境中的团队凝聚力。

　　本章描述了 2009 年选拔出的航天员在未来 20 年间可能执行的任务类型。本章也描述了一些对登陆月球和火星表面的航天员准备可能将起非常重要作用的特殊训练。然而,至少在未来 10 年,航天员们还是被限制在地球轨道的国际空间站上。为这些任务做准备需要航天员们用 18 个月的时间进行名为"任务专项训练"(Increment−Specific Training, IST)的训练。

参考文献

[1] Bufkin, A.; Tri, T. O.; Trevino, R. C. EVA Concerns for Future Lunar Base. Second Confer-

ence on Lunar Bases and Space Activities of the 21st Century, Paper No. LBS-88-214. Lunar and Planetary Institute, Houston, TX(1998).

[2] Simonds, C. H. Sintering and Hot Pressing of Fra Mauro Composition Glass and the Formation of Lunar Breccias. American Journal of Science,273,428-439(1973).

[3] Christiansen, E. L. ; Euker, H. ; Maples, K. ; Simonds, C. H. ; Zimprich, S. ; Dowman, M. W. ; Stovall, M. Conceptual Design of a Lunar Oxygen Pilot Plant, EEI Report No. 88-182. Eagle Engineering, Houston,TX.

[4] Doll, R. E. ; Gunderson, E. K. E. Hobby interest and Leisure Activity Behavior among Station Members in Antarctica. San Diego, California. US Navy Medical Neuropsychiatric Research Unit. Unit Report No. 69-34(1969).

[5] Eberhard, J. W. The Problem of Off-Duty Time in Long-Duration Space Missions, three volumes, NASA CR 96721. Serendipity Associates, Mclean, Virginia(1967).

[6] Cater, J. P. ; Huffman, S. D. Use of Remote Access Virtual Environment Network(RAVEN) for Coordinated IVA-EVA Astronaut Training and Evaluation. Presence: Teleoperators and Virtual Environments,4(2),103-109(Spring 1995).

[7] Chung, J. ; Harris, M. ; Brooks, F. ; Kelly, M. T. ; Hughes, J. W. ; Ouh-young, M. ; Cheung, C. ; Holloway, R. L. ; Pique, M. Conference Proceedings: Exploring Virtual Worlds with Head-Mounted Displays, Non-Holographic Three-Dimensional Display Technologies, Los Angeles, January 15-20,1989.

第7章　飞行任务训练

　　预备航天员历经数年为在轨飞行航天员和即将参加飞行任务的航天员提供各种技术支持，最终他们被召集到航天员办公室与航天员办公室主任见面。航天员办公室主任是航天员最高级别职位，是美国航空航天局航天员队伍的负责人，也是美国航空航天局管理层在航天员训练和运营方面的首席顾问。被航天员办公室主任召见往往意味着一件事情，也是唯一的一件事情，即飞行任务任命。

　　会议通常由航天员办公室主任首先发言，一般先表扬预备航天员在所分配的技术工作上的完成情况，最后会问预备航天员是否还愿意进行太空飞行。大多数预备航天员都会毫不迟疑地回答该问题！

　　在可预见的未来，由美国、加拿大和欧洲航天员进行的航天飞行都将是飞往国际空间站。就在本书编写之际，一个长期考察乘组为国际空间站任务进行了近1800小时训练(见图7.1)，包括约330小时国际空间站美国系统训练，350小时国际空间站俄罗斯系统和"联盟"号飞船训练，400小时舱外行走训练(300小时穿美国航天服，100小时穿俄罗斯航天服)，65小时医学训练，150小时科学实验训练，300小时语言培训和200小时机械臂训练。这些训练在世界许多地方开展，表7.1中列出了其中一部分。

图 7.1　国际空间站目前的结构

(图像来源：美国航空航天局。)

表 7.1　任务训练中心

训练中心	介　　绍
约翰逊航天中心，休斯敦，德克萨斯州	约翰逊航天中心是美国航空航天局航天员的总部基地，也是远道而来的俄罗斯航天员和来自其他国家的长期考察乘组成员的训练基地。约翰逊航天中心也是长期考察乘组的主要训练场所。专业教员队伍使用这里的教室、独立训练设施、综合模拟环境和实验室，帮助乘组进行任务准备
肯尼迪航天中心，佛罗里达州	肯尼迪航天中心位于佛罗里达州的大西洋沿岸。美国航空航天局的新型运载火箭，"阿瑞斯"I 和"阿瑞斯"，从 2015 年开始从肯尼迪航天中心发射升空，并最终将运送飞行乘组和货舱到达月球。长期考察乘组也要赴肯尼迪航天中心开展发射训练和应急程序训练
加拿大航天局，加拿大魁北克	加拿大为国际空间站提供了重要组件，例如，包含加拿大机械臂 2 和移动基座系统在内的移动服务系统。在蒙特利尔，航天员接受机器人技术训练，为复杂的机械臂操作做好准备。他们也使用位于魁北克省圣休伯特的加拿大航天局总部的虚拟操作训练环境。该设备能为乘组成员提供沉浸式虚拟现实环境，在其中航天员能看到三维的模拟机械臂运动，从而更好地理解加拿大机械臂 2 相对于国际空间站外部结构的运动
加加林航天员训练中心，俄罗斯星城	加加林航天员训练中心位于在莫斯科近郊，是国际空间站俄罗斯舱段的主要训练设施。教员们利用教室、模拟器和全尺寸实物座舱模型，为乘组成员提供在"星辰"号服务舱和"曙光"号舱段工作所需要的知识。在加加林航天员训练中心也有一个类似于美国航空航天局约翰逊航天中心中性浮力实验室的水槽实验室，该实验室提供航天员穿俄罗斯舱外服从俄罗斯气闸舱出舱进行太空行走的逼真训练环境
拜科努尔发射基地，拜科努尔，哈萨克斯坦	从哈萨克斯坦成为苏联加盟共和国时期开始至今，拜科努尔就是俄罗斯的航天发射基地。发射台和支持设备的组合体统称为"拜科努尔航天发射场"。乘坐"联盟"号飞船前往国际空间站的长期考察乘组和短期飞行乘组都要拜访拜科努尔，开展一部分"联盟"号飞船训练
欧洲航天员中心	为航天员提供"哥伦布"实验舱训练，包括 4 个欧洲航天局的有效载荷支架（欧洲抽屉机柜、流体科学实验室、欧洲生理学模块和生物实验室）和自动货运飞船。这里也有欧洲航天局的中性浮力设施

7.1　任务专项训练

　　一旦对美国航空航天局、欧洲航天局或加拿大航天局的航天员进行了飞行任务任命，任务专项训练（Increment-Specific Training）就开始了。单词"Increment"是各航天局最喜欢用的术语，就是指国际空间站乘组轮换周期。有时，"Increment-Specific Training"也是指"Mission-Specific Training"任务专项训练。在为期 18 个月的任务专项训练阶段，主乘组和备份乘组一起训练，学习为执行任务所需的所有知识和技能。编组训练是飞行准备的关键要素,因为乘组成员将在不大于三个卧室面积的密闭空间内共同生活半年,之前必须彼此熟悉。通过在一起进行这样多时间的训练,乘组成员学会了如何高效工作以及如何分配角色和职责。

7.1.1　乘员资格等级

在任务专项训练阶段,航天员获得三种乘员资格级别:用户、操作员和/或专家级。每一个在轨系统都预先定义了进行安全操作和系统维护所要求的一套最低资格要求。例如,通常情况下需要有一名专家、一名操作员和一名用户。每一名乘组成员,可以是某些系统的专家,但同时可能只是其他系统的操作员或仅仅是用户。所以,对每一名乘组成员的训练计划,需要针对他或她的任务和已具有的资格等级进行定制。

7.1.2　应急训练和补充训练

任务专项训练,也包括被各航天局委婉地称作"偏离基准工况"(大多数人称之为应急)的处置、故障分析和恢复/维修活动训练。航天员也要学习如何开展飞行任务中安排的科学实验,并且掌握航天器与国际空间站交会对接的精细操作,例如,欧洲航天局的自动货运飞船与国际空间站的交会对接。任务专项训练阶段也包括在美国航空航天局的空间站训练设施(SSTF)上开展的多段训练,空间站训练设施坐落在约翰逊航天中心。空间站训练设施(见图 7.2)是整个国

图 7.2　罗伯特·瑟斯克在国际空间站模拟器内进行训练

(罗伯特·瑟斯克作为国际空间站第 20/21 考察组的飞行工程师,正在约翰逊航天中心国际空间站座舱实物模型/训练器内进行训练。图片来源:欧洲航天局。)

际空间站的复制品,可用于航天员进行对空间站整体有影响的应急工况训练。

虽然来自美国航空航天局、加拿大航天局或欧洲航天局的航天员的训练安排非常相似,但还是有区别的。这些区别通常与航天员所属航天局研制的用于国际空间站的系统有关。例如,加拿大航天局对国际空间站的最突出的贡献是机械臂,所以给加拿大航天员分配飞行任务时,通常将他们指定为机械臂的操作员。欧洲航天局最突出的贡献包括"哥伦布"实验舱和自动货运飞船,因此欧洲航天局航天员进行针对这些设备的训练也就不足为奇了。本章的大部分内容是有关美国航空航天局航天员的任务专项训练安排,但同时对与国际空间站合作航天局(例如欧洲航天局)提供的一些训练进行介绍也是有意义的。

7.2 欧洲航天局训练

在任务专项训练阶段,欧洲航天局提供的特有训练大多集中在欧洲航天局20吨重的自动货运飞船上(其尺寸相当于伦敦双层巴士),自动货运飞船是欧洲制造的最大的航天器。该无人航天器用于向国际空间站运输货物和提升其轨道。为了学习自动货运飞船操作(见图7.3),航天员在德国科隆的欧洲航天局

图 7.3 欧洲航天局的自动货运飞船
(图片来源:欧洲航天局。)

航天员中心进行大量训练。训练分成两个单周模块。除了进行自动货运飞船任务和故障工况的理论培训,航天员还要在高仿真度的自动货运飞船座舱实物模型和自动货运飞船模拟器上进行训练。座舱实物模型帮助航天员了解自动货运飞船各部分的方位,而模拟器教会航天员如何控制航天器导航软件。7名教员帮助航天员进行训练,开展以下四个阶段的自动货运飞船训练(见表7.2):

- 核心课程
- 交会对接
- 停靠阶段操作
- 应急训练

表 7.2　欧洲航天局自动货运飞船任务专项训练安排

实施机构	国际空间站预先要求的训练	自动货运飞船训练第 1 周	自动货运飞船训练第 2 周
美国航空航天局	物资管理系统		
欧洲航天局		核心模块 航天器系统和操作概念 交会对接模块 交会对接和分离 应急处理程序 进舱/出舱操作	停靠阶段操作 货物转移,废物处理,撤离操作 交会对接、分离和撤离模拟训练
加加林航天员中心	应急处理设备 俄罗斯对接系统	与自动货运飞船操作相关的俄罗斯舱段系统	交会对接、分离和撤离熟练操作模拟训练

7.2.1　核心课程

航天员开始自动货运飞船训练之前,必须满足一定的条件。例如,他们必须有操作俄罗斯对接系统(Russian Docking System, RDS)的经验,这是因为自动货运飞船是与俄罗斯"星辰"号服务舱对接。航天员还必须具有操作美国物资管理系统(Inventory Management System, IMS)的经验。物资管理系统类似于超市中使用的条形码读取系统,用于帮助航天员在国际空间站中定位物品并保持舱内整洁(见知识卡 7.1)。

◢ 知识卡 7.1　空间站物资管理

航天飞行中的物资跟踪依赖一个条形码系统,其与物资管理系统数据库(IMS)有接口。不幸的是,航天员使用这套系统进行物资管理时,工作强度大,有时忘了更新,某件物品的状态会变成未知。事实上,在空间站,每天物资管理系统数据库中 3% 的美国物品被添加到"丢失"列表中,意味着这些物品不在物资管理系统中记录的位置上,即乘组最后一次看到它的位置。很明显,这给任务控制带来了问题,因为如果丢失一个重要物品,飞行任务控制中心需要决策是否将乘组宝贵的时间用于继续寻找这些物品。另一个选择是,如果地面有备用件,飞行任务控制中心必须决策是否在下一次飞行任务中运送一个替代件上天。任何一种选择都代价昂贵。为了跟踪在轨物资,国际空间站乘组每天可支配 20 分钟对物资管理系统进行更新。事实上,航天员每天花在这上面的时间比这多得多。

使用这个读取器,航天员从自动货运飞船中取出物资并扫描"出库",并放到其在国际空间站上的新位置。使用这种方法,计算机能够跟踪国际空间站上的物资,航天员不必记住每一件物品的位置。这套系统虽然耗时,却是很有价值的,因为每 6 个月进行一次乘组轮换。一旦航天员能熟练操作物资管理系统,就开始自动货运飞船理论学习,使他们获得对自动货运飞船概念、工作原理及任务期间可能发生的问题的总体认识。在这些课程之后是自动货运飞船座舱实物模型训练,航天员把在课堂上学到的知识应用于实践。飞船座舱实物模型训练之后,航天员就准备进行交会对接训练。但是,在这之前,航天员必须先学习自动货运飞船系统及其导航敏感器的相关知识。

7.2.2　交会对接

自动货运飞船课程第二部分集中于交会对接操作。在这一系列课程中,航天员学会当自动货运飞船到达国际空间站时所需要完成的一些操作。该阶段的训练从介绍自动货运飞船运行方案开始。

自动货运飞船发射后,可能在地球轨道上飞行几天后,才与国际空间站进行交会。为了确保所有系统功能正常,位于法国图卢兹的自动货运飞船控制中心和国际空间站乘组发送指令到飞船,检查自动货运飞船对每一条指令的反馈是否正确。这些控制的目的是检查确认自动货运飞船上的敏感器和制导、导航与控制系统能够安全接近并与国际空间站对接。一旦完成了这项工作,自动货运飞船的对接就由敏感器来导向。这些敏感器能够正确识别对接区域,以非常精确的方式启动对接。既然自动货运飞船能自动完成对接,你可能会问航天员为什么需要进行这么多的训练。第一个原因是,自动货运飞船是新航天器,飞行次数较少。第二个原因是为了安全。任务管理者们都没忘记 1997 年 6 月 25 日俄罗斯"进步"号飞船与俄罗斯"和平"号空间站发生的碰撞。在这致命的一天,"和平"号空间站指令长车巴列夫通过遥操作控制"进步"号飞船向"和平"号空间站量子舱(Kvant)靠近。这需要使用一个电视图像监视器对"进步"号飞船进行引导。按照计划的对接时间,由于地球背景云量较大,难以看清"进步"号飞船。结果"进步"号飞船偏离了对接通道,与光谱舱(Spektr)的太阳能电池阵发生碰撞,之后又撞到了光谱舱。太阳能面板被撞出了一个大洞,其中一个散热器发生了扭曲,光谱舱的外壳被撞进去一个洞,舱体开始减压,乘组几乎要放弃空间站。毫无疑问,这个事故给任务策划者们一个深刻的教训,即使训练有素的航天员在执行交会对接时也可能发生意外,这也是为什么"自动化"的自动货运飞船一直设置了另一双眼睛!

在国际空间站上,乘组能通过使用安装在国际空间站上的视频摄像机观察到自动货运飞船和自动货运飞船上专门设计的靶标。利用视频图像,乘组能判断自动货运飞船是否飞行在与国际空间站对接口对准的对接走廊内。这能帮助航天员监视自动货运飞船,提供了更高的安全性。最后,由于自动货运飞船尺寸较大,与国际空间站的对接操作被认为是有风险的操作,需要采用所有可能的预防措施。为了在地面训练对接和分离操作,航天员使用模拟器和具备高仿真度的自动货运飞船座舱实物模型进行训练。在模拟器上,航天员学习遥操作控制系统控制工作站的操作方法。遥操作控制系统中包含有一个"西伏"(Simvol)监视屏,能显示叠加的对接数据,帮助航天员仅使用一个俄罗斯便携电脑就能够监视自动货运飞船靠近国际空间站的过程。对接和分离训练的第二步在飞船座舱实物模型中进行,航天员进行现场操作。教员对航天员进行指导,同时模拟进行地面话音通信。一旦航天员训练了交会对接的基础内容,他们就进入停靠阶段操作训练。

7.2.3　停靠阶段操作

在飞船座舱实物模型中,航天员训练自动货运飞船停靠国际空间站阶段需要进行的操作。例如,他们学习自动货运飞船舱门的打开方法,即所谓的"进舱"操作;他们还要学习如何连接复杂的水输送系统,该系统用于从自动货运飞船的水箱将水抽送到国际空间站水箱。他们还要学习如何将气体,例如氧气和氮气,从自动货运飞船输送到国际空间站。自动货运飞船停靠阶段训练的另一

第 Ⅱ 部分　为太空生活做准备

个重要组成部分是学习自动货运飞船分离准备程序。从国际空间站分离以后，自动货运飞船将离轨并在进入地球大气层后烧毁。要完成此项机动，准备工作看起来相对简单，但是，在近地轨道，甚至废物处理都是一件复杂的事情，因为首先自动货运飞船中物品装载必须保证货船质心准确配平。如果自动货运飞船质心配平不准，航天器的推进器控制就难以计算，这样就存在航天器难以控制的风险。

7.2.4 应急操作

应急处理训练包括在自动货运飞船座舱实物模型中进行的一系列模拟训练。该训练主要集中在两方面：火灾和座舱失压。通过模拟训练，飞行乘组逐渐提高了对这两种紧急工况的快速反应能力。

7.2.5 "哥伦布"实验舱训练

除了进行自动货运飞船操作训练，驻留国际空间站的乘组还需要进行欧洲航天局"哥伦布"实验舱相关系统的正常和异常工况训练。直径4.5米的"哥伦布"实验舱（见图7.4）是欧洲航天局为国际空间站提供的最大的独立舱体。"哥伦布"实验舱安装了研究设备，具备进行广泛科学实验的能力。该实验舱能够使地球上的研究人员与国际空间站乘组一起，共同开展生命科学、材料科学和流体物理学领域的实验。在训练的高级阶段，航天员将学习"哥伦布"实验舱五大系统的介绍性课程：数据管理系统（Data Management System，DMS）、电力分配

图 7.4 欧洲航天局的"哥伦布"实验舱

（图片来源：欧洲航天局。）

系统(Electrical power Distribution System, EPDS)、热控制系统(Thermal Control System, TCS)、环境控制与生命保障系统(Environmental Control and Life Support System, ECLSS)和通信系统。在任务专项训练阶段,航天员用更多的时间学习故障处理和预防性及纠正性维护措施。航天员为完成这项训练需要去欧洲航天员中心三次,其中操作员级和专家级分别进行 84 小时和 104 小时的训练。

　　与自动货运飞船训练一样,欧洲航天员中心还提供许多其他装备良好的座舱实物模型和模拟器,为航天员提供了高仿真度的训练设施。除了基于计算机的训练设施,欧洲航天员中心还拥有"哥伦布"实验舱实物模型(见图 7.5)和"哥伦布"实验舱训练器欧洲部分,它有一个模拟设备能够进行乘组和地面支持人员之间与飞行任务类似的远程通信。

　　航天员完成了自动货运飞船和"哥伦布"实验舱训练阶段以后,重新回到常规的任务专项训练,意味着他们将和美国航空航天局、加拿大航天局同事在休斯敦、星城和日本一起训练。因为美国航空航天局负责任务专项训练准备的绝大部分训练,本章其余部分主要介绍一个典型的 18 个月周期的任务专项训练内容。

图 7.5　"哥伦布"实验舱实物模型
("哥伦布"实验舱实物模型按照目前与国际空间站对接的状态配置了
全部机柜和实验设备。图片来源:欧洲航天局。)

7.3　长期考察任务训练

　　对美国航空航天局和加拿大航天局航天员来说,任务专项训练或长期考察任务训练开始于约翰逊中心,该中心位于德克萨斯州,靠近休斯敦的明湖(Clear Lake)地区。在第一次训练课上,航天员学习他们在国际空间站上每天都要做的事情。他们学习如何阅读由地面人员编写的操作程序,而这是他们在轨飞行时必须正确完成的。他们还学习国际空间站笔记本电脑及其软件的使用方法。他们还在模拟器上训练,其中在国际空间站舱段实物模型中工作并练习他们已经学习过的内容。在每个新的训练时段开始时,国际空间站训练负责人和训练团队给每名航天员一个乘组训练笔记本(Crew Training Notebook,CTN)。这个活页本里面包含了该阶段训练所需要的所有讲义和学习资料。介绍性训练阶段结束后,航天员要飞到俄罗斯进行训练。

航天员分配了国际空间站飞行任务后,需要进行大约 18 个月的训练。但是,如果乘员没有进行过国际空间站某些系统的专项训练,或者如果他们没有达到语言能力要求,训练时间有可能会更长。如果航天员曾作为其他长期考察乘组的备份参加过训练,并学过俄语,则会非常有利。由于国际空间站计划的国际性质,对于在国际空间站上工作的航天员来讲,理想的情况是,如果能很好地理解法语或德语,则会很有帮助。在 18 个月的训练过程中,航天员要在美国航空航天局约翰逊中心和俄罗斯莫斯科星城的加加林航天员训练中心之间往返多次。除了在休斯敦和莫斯科之间来回穿梭,航天员还要完成多达八九次去国际空间站其他成员国家的行程。例如,负责操作"灵巧"机械臂(DEXTRE,也称为专项功能灵活机械手(the Special Purpose Dexterous Manipulator,SPDM))的航天员,需要到加拿大的圣休伯特,进行空间站机械臂训练。一些航天员还要去日本,针对日本"希望"号实验舱系统进行专项训练。

乘组分配了飞行任务后,乘组资格和职责矩阵表(Crew Qualifications and Responsibility Matrix,CQRM)就形成了。乘员资格和职责矩阵表文件中包含每个乘员在任务中需要完成的工作信息。俄罗斯和美国的训练工作人员按照乘员资格和职责矩阵表来确定乘员资格等级是国际空间站各系统的操作员还是专家。操作员只需要知道单个设备的操作方法,例如,发送一条指令来提升国际空间站某个舱体的温度,而专家则需要知道舱内温控系统的维修方法。

针对国际空间站的每个系统,例如,供电、加热、冷却和通信等系统,按操作员和专家级分别设计了不同的训练计划。乘组成员对每一个系统的学习至少要达到操作员级别。因为成为专家需要大量的训练,所以航天员一般只能通过训练成为某几个系统的专家。

训练组分配

按照航天员训练计划,下一步需要将航天员分到某个训练组。训练组教会乘组航天员安全且成功完成飞行任务所需掌握的所有内容。空间站训练负责人(Station Training Lead,STL)负责对该训练组进行管理,一般空间站训练负责人都曾经担任过航天员教员,具有多年航天员训练经验(见知识卡7.2)。针对国际空间站八大系统,训练组对每一个系统都配备了一名教员,另外还配备了负责空间站科学实验训练的教员,以及其他负责出舱活动等技能训练的教员。

知识卡7.2　国际空间站训练负责人

　　国际空间站训练负责人带领一组教员,在任务训练过程中帮助航天员。训练最开始在教室进行,由空间站训练组为学员介绍国际空间站及其各系统的总体概况。之后,航天员转移到空间站模拟器进行实际操作,对学过的内容进行练习。当航天员掌握了基本内容后,国际空间站训练负责人会通过设置异常工况给乘组增加一些难度。基本上,国际空间站训练负责人的任务就是找出乘组能力上的不足。异常工况训练设计是国际空间站专项任务准备的非常重要的内容,因为乘组只为主要任务目标进行准备是不够的。他们还必须训练上一期飞行任务的相关内容,以应对某些任务不能完成的情况;还要训练下一期任务内容,以备当前乘组有时间超前完成任务的情况。

　　国际空间站训练组中包含有国际空间站不同系统的专家,例如生命保障和机械臂。空间站训练组的成员,在加入训练组之前通常在某个特定训练领域工作。对国际空间站的每一个核心系统来说,都有一个该领域的专家。除了直接与航天员一起工作,国际空间站训练负责人和他/她的小组还负责制定乘组训练计划,并对航天员将要使用的模拟器进行测试。

7.4　国际空间站任务通用训练流程

7.4.1　在俄罗斯的第Ⅰ部分训练

　　已经任命了飞行任务的航天员第一步是到星城的加加林中心。如果他们曾作为前期任务的备份乘组工作过(美国航空航天局称之为国际空间站备份乘组流程),那这就不会是他第一次到俄罗斯了。本次俄罗斯之行可能持续4~12周,是一年之内可能多达6次的俄罗斯之行的第一次。第一个星期很像上大学,航天员每天上课,一周上5天。一般情况下,每天有四大节课,每大节课上1小时50分钟,下午1:00至2:00为午餐时间。通常在上午9:00开始上课,傍晚6:00前下课。这一点与大学还是有些不同!

1. 在星城生活

　　在星城训练的航天员住在"小别墅"里,那是美国航空航天局为其雇员修建的复式住宅,共有 6 栋。每栋住宅含有 3 个卧室,走路到训练设施只要 10 分钟,非常方便。其中一栋住宅有一个地下室,里面有一个健身房,配有力量训练和有氧训练设备,供航天员飞行任务前训练使用和飞行任务后身体恢复使用。另一个受欢迎的去处是"谢泼德酒吧",坐落在另一座别墅的地下室里。谢泼德酒吧是用比尔·谢泼德(酒吧的创建者)的名字命名的,他是美国航空航天局的航天员,在星城训练了很多年,因此他想出了这个好主意,即找一个可以供航天员聚会并开展社交活动的地方。这些年来,酒吧使用率很高,并利用航天员和其他参观者的捐赠增配了一个游泳池,一个乒乓球台,一台电视和一套立体声音响系统。

到达星城后不久,航天员会短暂参观一下训练设施,通常是去参观 3~4 个训练大楼。如果时间合适,航天员还有机会到"联盟"号飞船模拟器上进行熟悉性参观,以后在该模拟器上他们将用很多学时进行技能和程序训练。参观之旅结束后,航天员就开始训练了。

2. 俄语学习

对有希望参加任务的国际空间站乘组成员来说,一项首要任务就是学习俄语! 通常对很多航天员将是一个挑战。因为他们对俄语印象还停留在作为预备航天员时学习的俄语介绍性课程。航天员必须懂俄语(见知识卡 7.3),以便与俄罗斯飞行任务控制中心交流以及听懂俄罗斯教员的讲话。这些俄罗斯教员教会他们如何操控"联盟"号飞船的各个系统。尽管俄语很复杂,但所有航天员都有他们称为"俄语学得好的日子"和"俄语学得差的日子"。

知识卡 7.3　俄语学习

很多航天员认为,俄语学习是航天员训练中最困难的部分。他们不仅需要掌握一种陌生的字母表,还必须训练自己的耳朵和嘴,听辨和发出这种新的发音。如果这还不足以成为一种挑战的话,航天员还需要与具有丰富涵义的词汇表作斗争。各种协议文件也需要从英语翻译成俄语,然后再翻译成英语,以避免翻译人员曲解了信息。

对在地球上(或包括地球以外)最训练有素的这群人来讲,俄语培训都是一次悲惨的经历。一些航天员认为开始几节俄语课与研究生院一年级的学习类似。对大多数航天员来讲,需要至少六个月时间才能达到表面上的流利。对其他一些人来讲,时间可能会更长,尤其是一想到在星城的所有口试和讲课都要用俄语进行时,他们就会心烦意乱。

3. 实习与考试

前期系列课程大部分都是理论学习,尽管航天员也要用一些时间在国际空间站座舱实物模型中进行实习训练,例如在服务舱(Service Module)、功能货舱(Functional Cargo Block,FCB)。最后要求每名航天员进入用于训练的座舱实物模型中进行考试,向教员展示他们学到的知识。考试中,航天员会被问及有关座舱的理论知识,然后必须向教员演示如何操纵座舱中的每一个系统。使这项任务更困难的是,考试是用俄语进行的,更何况俄罗斯教员说话很快!考试通常在用于上课的同一个房间内进行,所以航天员必要时可以触摸或指向某个硬件设备。考试时,航天员坐在教员通常坐的座位上,两名考官和一名教员则坐在对面。对那些俄语说得不流利的航天员来讲,幸运的是在房间的后排有一名翻译!

除了服务舱和功能货舱训练,航天员还要花大量时间学习"联盟"号飞船相关内容。通常这由来自于休斯敦训练部的"俄罗斯训练集成专家"(Russian Training Integrators,RTI)来教授。"俄罗斯训练集成专家"都是俄罗斯系统方面的专家,由他们确认航天员是否接受了正确级别的训练。如果他们对俄罗斯教员授课不满意,他们就会插手并取而代之。"俄罗斯训练集成专家"也要确认航天员获得了所有用英/俄文编写的训练资料。另外,因为他们是各系统的专家,他们要帮助航天员准备考试。

航天员循序渐进地完成了"联盟"号飞船各系统的学习,范围从生命保障到航天器卫生间的功能特性。在学习了硬件的理论知识后,航天员就有机会到模拟器上练习操作技能。在进行了几周的强化学习后,很多人迎来了在室外训练的机会。

4. 生存训练

在系统训练和竭力学习俄语(有时感觉像外星人语言)的间歇,航天员有机会到野外训练几天,作为生存训练的一部分。这就是俄罗斯风格!对一些航天员来说,他们最近一次生存训练是作为预备航天员在缅因州兰奇利的温和气候中进行的,而俄罗斯版本的训练可能会是巨大打击,尤其对冬天派到俄罗斯训练的航天员!

对习惯了休斯敦炎热潮湿气候的航天员来说,在俄罗斯冬天进行的生存训练肯定会带来一次真正的生存艺术的体验。气温通常低于零下20℃,在星城附近森林中的生存训练对来自北美的航天员来说具有新的意义,为了保暖他们通常会一层层地将所有配发的极地服装穿到身上。

为了模拟在偏远地区的着陆,航天员们身上穿着所有的救生装备,练习从座舱中钻出来,然后在旷野中度过一夜。其他生存训练模拟水上溅落。在训练中,航天员们在出舱之前,需要花将近2小时在"联盟"号飞船(见图7.6)狭小座舱内穿好救生装备。问题是整个穿衣过程都在舱门关闭下进行,这样会产生非常显著的热负荷,更不要说在波浪中来回颠簸导致的运动病!最后,一旦所有航天员都穿戴完毕,他们就跳出座舱,并发射信号弹。尽管只是在训练,但由于训练服漏水,实际上大多数航天员当时也是处于需要营救状态!

图 7.6　加拿大航天员罗伯特·瑟斯克坐在"联盟"号飞船狭窄的舱内
(图片来源:加拿大航天局。)

5. 典型生存训练周

在一个典型生存训练周里,头两天是准备工作,在教室里学习"联盟"号飞船的应急装备(наз,读音为 naz)相关内容、建造掩体的方法,并熟悉服装和冬天救生生存的基本要素。理论课程之后,航天员被带到位于加加林航天员训练中心的星城训练区的一个类似车库的大楼内。在这里,他们练习穿着"雄鹰"(Sokol)航天服(见图 7.7),这是他们在飞行任务末期与"联盟"号飞船一起离开国际空间站时要穿着的服装。因为"联盟"号飞船内部空间只有一辆紧凑型小轿车那么大,所以服装的穿着几乎总是一场战斗。当航天员在"联盟"号飞船里完成这件苦差事后,他们又被带到旷野中,用两天时间来训练生存技能。首先,在寻找生火木头和建造栖身场所材料之前,航天员们需要安排好他们的装备。然后,利用降落伞布作为屋顶,搭建一个倾斜式棚屋。为了与地面隔离,航天员们使用木棍和更多的降落伞布。棚屋建好后,航天员们的注意力就转移到食品上。首先,他们必须生火。火不仅能进行食品加热,而且可以作为信号,在实际应急着陆时用来吸引搜救部队。最后,航天员们就餐完毕后,通过抽签确定谁来站第一班岗(俄罗斯的很多着陆地点可能会有狼或熊),时间段通常都是在晚上 10到凌晨 1 点。值班站岗时间表确定后,航天员们开始睡觉,留下一名航天员站岗,以防那些饥饿的熊来袭,并确保火不会熄灭。当清晨终于来临时,航天员们从食品袋中取出食品,包括冻干巧克力、小甜饼和加了糖及柠檬的茶。

航天员在生存训练的第二天要收集更多的生火用木材,注意保暖并尽量多睡觉。第三天睡醒以后,航天员们收到指示,收整好装备,并徒步行进到救援直升机的所在地。听起来这像是一个简单的训练,但通常教员会设置障碍,使一名

图 7.7　加拿大航天员罗伯特·瑟斯克在穿"雄鹰"航天服

(图片来源:加拿大航天局。)

航天员"失去行动能力"。其他航天员要做出反应,对受伤航天员进行医疗护理,并制作一个担架来完成撤离。最后,当他们到达直升机时,训练结束。对航天员们来说,这绝不是一个很快的过程。

7.4.2　在加拿大的训练

1. 在圣休伯特的机械臂训练

在星城训练 4 周后,航天员们又飞越大西洋,来到加拿大的蒙特利尔,进行为期 2 周的严格训练,学习加拿大机械臂 2(见知识卡 7.4 和图 7.8)和"灵巧"机械臂(Dextre,见知识卡 7.5 和图 7.9)的操作方法。"灵巧"机械臂是由加拿大麦克唐纳·德特维勒(MacDonald Dettweiler)公司设计的双臂机器人。

知识卡 7.4　加拿大机械臂 2

加拿大机械臂 2 以尺蠖运动的方式移动,可以到达国际空间站的很多位置。它的范围由空间站上电源数据适配器(Power Data Grpple Fixtures,PDGFs)的数量决定。电源数据适配器分布在国际空间站的不同位置,通过终端锁紧器,为加拿大机械臂 2 提供电源、数据和视频。依靠移动基座系统(Mobile Base System,MBS),加拿大机械臂 2 的行程可达整个国际空间站。

这个灵活的机械臂有 7 个自由度,就像人的胳膊一样,它有肩部(3 个关节)、肘部(1 个关节)和腕部(3 个关节)。依靠关节设计,加拿大机械臂 2 能旋转 540°。力矩传感器提供触觉功能,同时机械臂具有自动视觉功能,用于物体捕捉和自动避免碰撞。它还有 4 个彩色摄像机,在肘部的每边各装有一个,在终端锁紧器上装有两个。

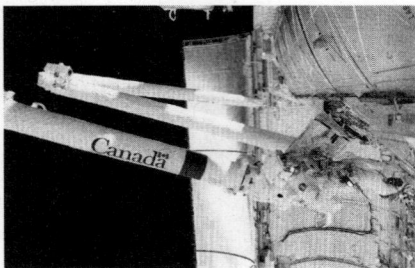

图 7.8　美国航空航天局航天员斯科特·E. 帕拉祖斯戈(Scott E. Parazynski)
在用电缆与加拿大机械臂 2 相连接的状态下工作

(图片来源:加拿大航天局。)

知识卡 7.5　"灵巧"机械臂

所谓"灵巧"机械臂,是具有两只手臂的"专项功能灵活机械手",是移动服务系统的一部分。移动服务系统是加拿大麦克唐纳·德特维勒公司为国际空间站研制的。"灵巧"机械臂是对国际空间站已安装使用的移动基座和加拿大机械臂 2 的补充。因其具有稳定性高和处理能力强的特点,"灵巧"机械臂能够完成通常情况下只能由人完成的精细任务。由于其灵活性,它能提高乘组的安全性,减少航天员在国际空间站外部进行例行维护的时间,从而省出时间开展科学活动。

就像太空中的机械师,"灵巧"机械臂能绕腰部转动,其肩部支撑了两只相同的、各具有 7 个补偿关节的手臂,从而得到较大的移动自由度。其不仅装配有灯、录像设备和装载平台,还配备了若干机器人工具。在每个手臂的末端是在轨替换单元/工具,能够像钳子一样抓取有效载荷。对于精细操作任务,"灵巧"机械臂通过自动补偿,能够准确感知抓取力和力矩。为了抓住物体,"灵巧"机械臂配备了可伸缩的装有引擎的套筒扳手,用于转动螺丝,连接或拆分机械装置,为了进行特写观察还配置了一个摄像机和几个灯。"灵巧"机械臂能附着在加拿大机械臂 2 的末端或独立安装在移动基座系统上。由于其独创性设计,"灵巧"机械臂能完成准确度要求较高的工作,例如,移除或更换国际空间站组件、打开和关闭舱门、展开或回收机械装置。

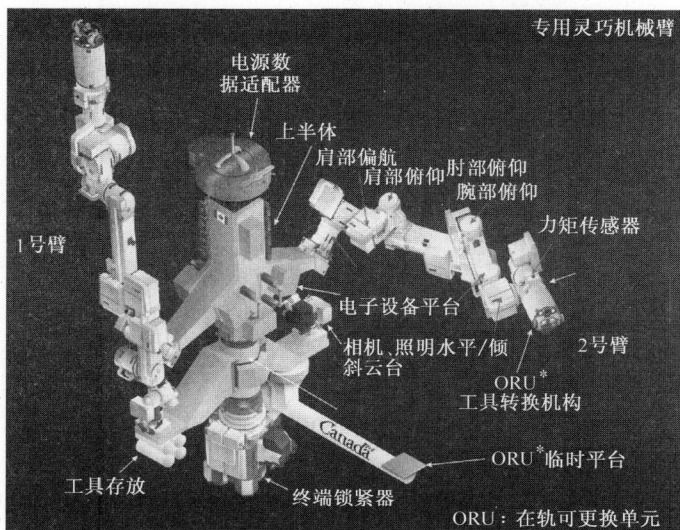

图 7.9　"灵巧"机械臂是一个极其复杂的双臂机器人，
是加拿大为国际空间站提供的设备

（图片来源：加拿大航天局。）

　　训练在加拿大航天局操作工程训练设施（Operations Engineering Training Facility，OETF）进行，地点位于蒙特利尔（Montreal）附近小镇隆格伊（Longueuil）的约翰·H. 查普曼（John H. Chapman）航天中心。与其他训练一样，航天员们首先要学习理论，然后是操作训练。在圣休伯特，航天员们在多媒体学习中心（Multimedia Learning Centre，MLC）接受理论培训，然后到移动服务系统操作训练模拟器（Mobile Servicing Systems Operations Training Simulator，MSSOTS）（见图7.10）上进行更多的操作训练。对于那些当过飞行员的航天员来说，机械臂的俯仰、滚转和偏航移动是直观的，容易掌握。对于没有飞行员背景的航天员来说，训练时有时候会经历挫折。

2. 机械臂工作站

　　航天员们也要在机械臂工作站（Robotic Workstation，RWS）上训练。它安装在按 3/4 比例制作的美国"命运"号实验舱模型内。机械臂工作站包含一个显示和控制面板、一个便携式计算机系统（用于显示图形用户界面）以及两个控制手柄。控制手柄用于控制机械臂末端的平移和转动。3 个监视器帮助航天员判读，监视器上显示的图像来自加拿大机械臂 2 的摄像机和国际空间站外部的其他摄像机。机械臂工作站的一个特征是具有加拿大空间视觉系统（Canadian Space Vision System，CSVS），它能够帮助航天员准确判断有效载荷的精确位置和移动，为他们提供距离和方位的精确测量值，这对国际空间站的维护是至关重要的。

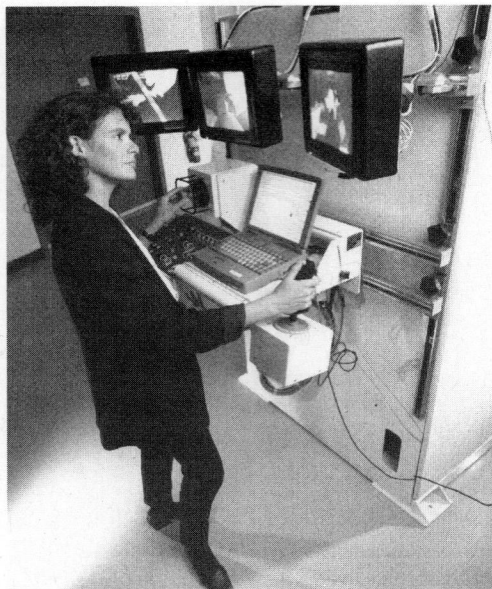

图 7.10　加拿大航天员朱莉·佩耶特(Julie Payette)使用移动
服务系统操作训练模拟器进行练习

(图片来源:加拿大航天局。)

3. 驾驶机械臂

航天员们把机械臂操作称作"驾驶机械臂",因为机械臂也能俯仰、滚转和偏航。掌握机械臂驾驶还是有些困难的,但是如果航天员将机械臂想象成他们自己手臂的延伸,这个过程就会变得容易一些。航天员的关节提供多个自由度的方式与机械臂的大致一样,"肩"和"腕"关节的运动方式与机械臂类似。在航天员习惯了机械臂的肩、肘和腕部操作以后,他们就需要进一步掌握手的操作方法,这在机器人术语中,称为终端锁紧器(Latching End Effectors,LEEs)。

如果你想将加拿大机械臂 2 的操作形象化,只要伸出你的右手,从桌子上拿起一支钢笔。为了完成这个动作,你要伸展手臂,用你的终端锁紧器抓住钢笔并捡起来。当你将钢笔抓到手里时,就成功完成了一次抓取。现在,把钢笔移动到你的头部正上方位置,同时旋转钢笔,使笔尖朝下。你会注意到你的关节是如何移动来完成这一操作的。接下来,试着移动手臂越过头顶,这样钢笔笔尖就碰到你的左肩膀,同时旋转钢笔,让笔尖指向你的后方。同样,请注意关节的运动,这样你会对机械臂操作的复杂性有所体验。

教员给航天员布置的最难任务之一是对自由飞行物体的捕获练习。在这一场景中,设想有一个可能会碰撞到国际空间站的物体在空间自由飘浮着。为了避免碰撞,航天员需要追踪目标并抓住它。这项任务要求在非常有限的时间内(通常不到 90 秒)运用复杂的感觉和运动技巧完成。

7.4.3　在俄罗斯的第 II 部分训练

经过两周的强化训练,航天员们通过认证成为飞行任务机械臂操作员(Mission Robotics Operators,MROs),然后他们就会飞越大西洋,再次来到星城,进行第二个为期 4 周的国际空间站训练课程。在讲法语的蒙特利尔停留 2 周后,很多航天员发现他们必须复习俄语技能,这是开始训练最基本的需要。在这个阶段,很多航天员还在努力掌握西里尔字母表(Cyrillic alphabet),而一些航天员正试图把基本句型拼凑到一起。这时大多数航天员开始意识到俄语与任务训练中将遇到的其他任何问题一样,都是挑战。

1. "联盟"号飞船训练

在应对讲俄语的错综复杂同时,还要进行"联盟"号飞船系统的操作训练。这意味着航天员需要逐字逐句地学习大量的技术文件(所有文件都是俄文的!),并学习不计其数的理论课(同样,全是俄文!)。航天员首先学习的系统是"联盟"号飞船的对接和锁紧系统、热控系统、电源系统和推进系统。教学内容覆盖了热控系统的主动和被动控制措施、空气调节和通风系统、灭火系统的所有方面。与所有训练一样,每个系统都先进行理论培训(lek-see-ya),然后进行实践课(prak-ti-ka)。在理论培训中,教员讲授,航天员记笔记;而在实践课上,航天员们亲自操作,这也是航天员们更喜欢的。在实践课上,航天员们有机会接触到硬件,操作开关,识读仪表,转动拨号盘,甚至在计算机上输入指令。下课后,航天员们一般直接回家学习当天和前几天积累的所有文件材料。不停地学习是必要的,因为,最后航天员们将就其所学接受测试。在考试之前,就像在大学里一样,也有复习课,航天员们可以问任何问题,以厘清各系统相关概念。有时,来自能源公司的系统设计人员会出现在复习课上,这是很有帮助的,因为这些工程师就是考试中提问的那些人。

考试通常会持续 1 小时。航天员们会被问及各种问题,以展示他们对系统的了解;有时会被要求在模拟器上进行各种功能的操作。完成考试后,工程师们对航天员们按 1 分(不及格)到 5 分(优秀)进行评价。

2. 航天服适配

在以优异的成绩通过系统考试(航天员中大多数能够做到)后,航天员要进行"联盟"号飞船的座椅适配。驱车 60 公里,航天员们来到用于制造航天服的"星辰"航天大楼(ZSF),开始航天服适配工作。首先,航天员得到一个包裹,里面有三套内裤、三双袜子和三件长至膝盖的长内衣裤。然后,他们去卫生间换上内裤、袜子和长内衣裤。他们换完衣服后,五名工程师围着他们开始测量尺寸。尺寸测量完成后,他们被放置在一个"联盟"号飞船座椅的塑料实物模型上。穿着不那么时髦的内衣,航天员然后又被放置在另一个座椅实物模型上,其看起来特别像一个小浴缸。进入一个仰卧姿势后,工程师开始在航天员周围注入速干石膏,目的是围绕他们的身体形成一个模具。这个过程最终是定做一个座椅衬垫(见图7.11)。定做的衬垫不仅要与航天员穿着"雄鹰"航天服时的身体轮廓适配,还要在发射时动态的负荷以及返回着陆过程中潜在的剧烈冲击下保证适配性。工程师们在完成对上半身周围注入石膏后,他们等待其干燥,之后再要求航天员从椅盆中起来。然后,他们要切割并打磨石膏形态,以释放潜在的应力点。这个过程会重复很多遍,直到最后工程师们将形状打磨成一个全尺寸的模具。完成座椅衬垫适配后,航天员换上新的内衣!航天员们有机会穿上"雄鹰"号航天服,这个经历让飞入太空的梦想看起来更近了一些。

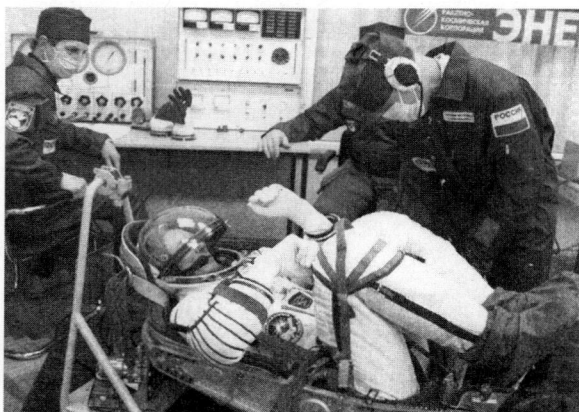

图7.11　工程师们向"联盟"号飞船座椅衬垫注入石膏以保证赋形合体
(图片来源:美国航空航天局。)

在星城的第二阶段训练结束后,航天员们再次飞越大西洋,来到约翰逊航天中心。在那里他们要接受在世界上最大的游泳池中进行出舱活动的挑战。

7.4.4　在美国的第 I 部分训练

1. 中性浮力训练

中性浮力实验室长62米,宽31米,深12米,可装2270万升水。在中性浮力实验室(见图7.12)的底部,放置了国际空间站的全尺寸实物模型,这就是为什么中性浮力实验室需要这么大的原因!因为中性浮力实验室用于预备航天员的轻装潜水训练,因此航天员们对中性浮力实验室相当熟悉,但这个超大尺寸水池的真正用途却是训练飞行乘组掌握出舱活动技能。

图 7.12 美国航空航天局中性浮力实验室

(一名航天员正在进入美国航空航天局中性浮力实验室,图片来源:美国航空航天局。)

航天员们学习如何进行出舱活动时使用一种笨重的训练服。因为训练服太大了,航天员们仅仅是练习穿着服装来回移动和戴着笨重的手套使用工具就需要用很多的时间。由于服装过于笨重,而且航天员们在出舱活动期间必须执行复杂任务,因此该训练在任务准备中占相当大的比重。事实上,为了完成飞行任务中 1 小时的太空行走,航天员们通常需要在水下训练 7 个小时。

在中性浮力实验室进行水下训练与在太空中相似,但又不完全相同,因为航天员并没有像在太空中一样真正处于失重状态。取而代之的是,航天员们达到的是轻装潜水员们常说的中性浮力状态。中性浮力状态是指一个物体既不会上浮到水面,也不会下沉到水底的状态。轻装潜水员们努力达到中性浮力状态,他们在水里就不会下沉或上浮。在中性浮力实验室中,为了帮助航天员们达到中性浮力状态,潜水员们在水中易上浮的航天服上安放配重。通过安放合适数量的配重,使航天员们得到在太空中的相似体验。

在航天员们穿上训练用航天服之前,他们必须先穿着标准的轻装潜水装备进行出舱活动练习。当他们已经能够轻松完成分配的任务后,他们开始穿着航天服进行训练。在中性浮力实验室中,轻装潜水员们(见图 7.13)帮助穿着航天服的航天员们四处移动,直到他们习惯穿着航天服移动。当航天员们的服装出现问题时,潜水员们还要保护航天员。虽然中性浮力实验室训练是最让人筋疲力尽的训练之一,但也是最有乐趣的训练之一,因为航天员们得以体验到失重的奇妙感受,尽管只是模拟失重!

图 7.13　潜水员帮助航天员进行出舱活动模拟训练

(图片来源:美国航空航天局。)

　　一旦航天员学会了在水中怎样停留在一个位置(如果他们在太空中太用力推,他们就会飘走!),他们将学习怎样使用太空行走期间所需使用的所有工具。失重效果,加上笨重的出舱活动航天服,意味着操纵这些工具也变成了极大的挑战,就像 STS-126 任务航天员海德·斯德芬森-派帕(Heide Stefanyshyn-Piper)在 2008 年 11 月所遇到的那样(见知识卡 7.6)。

知识卡 7.6　舱外工具包

　　在 2008 年 11 月"奋进"号航天飞机 STS-126 任务期间,美国航空航天局航天员海德·斯德芬森·派帕清理油脂枪泄露产生的污物,这时一个装有重要(也很昂贵!)工具的小口袋松开,飘到她够不到的地方。斯德芬森-派帕正在国际空间站外面和同事斯蒂夫·伯文(Steve Bowen)一起执行一项出舱活动任务,为一个受损的太阳能齿轮清理灰尘,并添加润滑剂以确保其正常工作。该齿轮用于转动空间站右舷太阳能阵列,以保证它们总是朝向太阳。

　　就是在出舱活动准备过程中,斯德芬森-派帕(一位经验丰富的舱外行走者),打开工具袋,发现里面满是黏稠的油脂。斯德芬森-派帕描述说,口袋里装满了厚厚的黏稠的油脂,不仅粘到了工具上,还粘到了她的航天服上。当她使用擦布清除污物时,这个 13 千克的口袋(内装价值 10 万美元的工具)松开并开始漂走! 那时,斯德芬森-派帕还认为,她也许能够跳起来抓住它,但很快她意识到那样做会使事情变得更糟,因为那样会形成两个漂浮物体,其中一个就是她自己! 为了对斯德芬森-派帕公平起见,飞行任务控制中心认为口袋在任务开始前没有安装牢固。伯文也要负一定责任,因为他负责在出舱前准备并清理好要用的那个口袋。尽管如此,"奋进"号乘组人员在这次事件后会相互开一些善意的玩笑。

不管航天员在轨要执行什么出舱活动任务,他们都必须在潜水员们的悉心指导下,在中性浮力实验室中针对每一个任务进行几十次练习,直到每次都能正确完成操作。因为每个航天员都将是国际空间站乘组中的一员,他们必须经训练后具备执行多种任务的能力,这也是中性浮力实验室训练如此复杂的另一个原因。在大多数情况下,训练任务并不是计划内的在轨执行任务,而是要应对空间站外部突发故障。很多系统故障是可预见的,有必要训练航天员成为一个多面手,那也意味着出舱活动航天员经常变成了出舱活动维修工。

2. 出舱活动的挑战

航天员们会告诉你,出舱活动训练最困难的部分是持续时间长。包含准备时间在内,一次典型的出舱活动训练课程经常持续 9 到 10 小时(见表 7.3)。另一个挑战就是要努力掌握训练课程中所用工具(将近 100 件!)。然后,由于笨重手套以及失重带来的各种问题,即使是完成一项简单的任务,也是很困难的。例如,拧开螺栓这样的简单操作可能听起来很容易,但是每个航天员执行起来却不相同,这取决于他们的力量、技能和疲劳程度。没有哪一次出舱活动是简单的,在训练前出舱活动训练人员和航天员对训练课程进行数小时讨论,训练结束后再用数小时进行总结。因为出舱活动本身具有复杂性,航天员们之间也最喜欢讨论这个话题,大多数航天员都认为"慢即是快"是最有效的策略。

表 7.3 中性浮力实验室日常潜水训练安排

时间	事 件
05:30~06:30	关键系统启动
06:30~07:30	试验前列表检查(试验队:50 人)
	工作人员体训(来回游泳)
	衣服和工具转移到水池的甲板上
07:30~08:00	试验指挥给航天员简短介绍
	航天员体检
	最后测试设置准备(第 2 潜水员小组,人员轮换 1)

（续）

时间	事　件
08：00～08：15	试验队下水前简短会议
08：15	试验队呼点工作站
08：15～08：40	穿服装
08：40～09：00	受试者入水，进行初配平
09：00	试验控制权从试验主管转交给试验指挥
09：00～15：00	受试者试验过程
09：00～11：00	第1潜水员小组，人员轮换1（4个潜水员/受试者：2个安全员，1个设备保障，1个摄像）
11：00～13：00	第2潜水员小组，人员轮换2
13：00～15：00	第1潜水员小组，人员轮换2
15：00～15：15	受试者休息和脱服装（10分钟潜水后观察）
15：15～15：30	更衣室
	服装和工具整理和保养
15：30～17：00	小结
15：30～18：30	重新配置换班，第1次潜水（3小时）
20：00～22：00	重新配置换班，第2次潜水（2小时）
22：00～23：00	潜水后观察（OSHA 要求）

3. 美国航空航天局航天服适配

在中性浮力实验室训练期间，航天员们也必须进行美国航空航天局航天服适配。与俄罗斯"雄鹰"航天服的"均码"不同，美国航空航天局对航天服进行个人定制。航天服适配是一个相对简单的过程，要求航天员脱去外衣，只剩下内衣，穿一种氨纶弹性纤维服，然后接受3小时的激光扫描！美国航空航天局也将激光技术作为收集航天员人体尺寸数据的一种方法。通过建立一个数据库，科学家们和工程师们能分析数据并确定已通过选拔准备执行飞行任务的航天员们的体形、身高、手臂长度和手的尺寸。相应地，这不仅能在新型航天服研发中实现更好的设计，而且能有助于航天服研制，使航天服更加合体、舒适，功能更强大。设计师的意图是摒弃传统的体积庞大、僵硬、笨重的和需要为特定任务进行的设计，以便设计出类似于仿生服（见第6章）的航天服，从而更加灵活、重量更轻、更易于操作和使用。

4. 在美国进行生存训练

在航天服适配和中性浮力实验室训练之后，航天员们要进行2周的生存训练，恢复提高他们在作为预备航天员时学到的技能。首先是训练设施简介及航天员与教员见面,接着发放器材并驱车前往训练区。如果进行冬季生存训练,航天员们将配备背包、滑雪板、雪橇,然后在野外下车,例如,附属于落基山脉的阿布萨罗卡山(见图 7.14),有几十座高度 3000 米以上的山峰。在这里,航天员们徒步爬上其中一些较小的山峰,学习怎样建造雪屋,了解雪崩地带,营救因雪崩受困的乘组成员,用地图、指南针和全球定位系统(GPS)进行导航。

图 7.14　阿布萨罗卡山
(阿布萨罗卡山是航天员进行生存训练的理想之地,图片来源:维基百科。)

　　除了要避开雪崩,航天员们还要学会怎样在野外做饭,并熟悉冬季生存所需的各种技能。当教员们认为航天员们至少掌握了基本技能之后,教员就会离开航天员,让他们自己照料自己。在接下来的几天里,航天员们不时回到或离开营地,目的是找到食品和燃料的隐藏地。在气温不高于零下 10℃且寒风凛冽让人倍感寒冷的环境下,航天员们常常需要克服相当不舒服的状况完成这些任务。在最冷的那些天里,航天员们建造雪屋,被迫像在雪洞里的地鼠一样生活!最后,在露天生存了超过一周以后,航天员们艰苦跋涉 10 公里,回到大路上,由教员们接回。

　　一些人可能会想知道,为什么航天员们用这么多时间进行生存训练。美国和俄罗斯航天器上所拥有的技术应该能够保证精确着落到地球的任何地方吧?不幸的是,事情没那么简单。不止一次,返回的"联盟"号飞船偏离轨道,航天员们发现自己离计划着陆点有好几公里远。事实上,考虑到俄罗斯大多数地区偏远和当地的野生动物,俄罗斯"联盟"号飞船上一般都配备有枪,以便着陆航天员在遇到饥饿的熊和狼群时能保护自己。也许你认为这有点夸张,但 1965 年一艘"联盟"号飞船着陆在俄罗斯偏远地区,之后开始在飞船上配枪(见图 7.15)。显然,乘组遇上了饥饿的狼群,虽然据报道,直升机营救小组成员说狼群离着陆点约 3 公里远而且返回舱附近没有。与此相反,美国航空航天局从不带枪支进入太空,但提供弯刀以备飞船降落到丛林地带。

图 7.15　罗伯特·瑟斯克为即将执行的飞行任务做准备而进行手枪射击练习
（图片来源：加拿大航天局。）

7.4.5　在俄罗斯的第Ⅲ部分训练

1. "奥兰"航天服

回到星城以后，航天员们期待着进行"奥兰"航天服训练。与设计用于发射和再入过程中穿着的"雄鹰"航天服不同，"奥兰－M"是俄罗斯的舱外行走航天服。美俄两国说法不同，美国航空航天局称"航天员进行出舱活动"，而俄罗斯则称"航天员进行舱外行走"或"出舱进入开放的宇宙空间"（从字面上说，就是在开放的太空中行走）。另外，美国航天员实施出舱活动时，使用的舱外航天服称为舱外机动套装（简称 EMU）（见图 7.16），俄罗斯航天员则使用"奥兰－M"舱外航天服（见图 7.17）。

图 7.16　美国航空航天局舱外机动套装
（图片来源：美国航空航天局。）

虽然俄罗斯使用不同的术语和航天服，但其训练美国航天员和俄罗斯航天

图 7.17　俄罗斯"奥兰-M"舱外航天服

（图片来源：美国航空航天局。）

员进行出舱活动技能的方法与美国几乎相同。在休斯敦，出舱活动训练是穿着训练用的舱外机动套装在中性浮力实验室中进行，而俄罗斯则在自己的水池（称作"水槽实验室"）中训练。为了使训练尽可能更接近真实，俄罗斯人将航天员悬吊起来，从而给他们提供接近零重力的模拟。能够提升真实感的是俄罗斯在国际空间站舱段的气闸舱实物模型，其配备了一个舱门，使航天员能够穿着"奥兰"航天服练习一些基本的出舱活动技术。这些技术包括泄压/复压程序、打开/关闭气闸舱舱门、缆绳使用以及最重要的是设备出现故障情况下的操作步骤。

与美国航空航天局的舱外航天服具有多种尺码不同，"奥兰"航天服是"均码"的。尽管通过延长服装手臂和腿的长度可以调节尺寸，但对某些航天员来说，服装穿起来还是太紧身。不幸的是，手套也只有两种尺码，大多数航天员戏称其为"小尺码"和"非常小尺码"！

2. 食品试吃

是的，食品试吃是一个训练课！美国航空航天局航天员试吃时，提供的是与实际一致的餐食（开胃食品后是主菜、饮料和甜品）；与此不同，俄罗斯是分类提供食品，每次试吃提供一类食品，饮料穿插在两次试吃中间。除了让航天员们对俄罗斯的烹饪评价外，食品试吃还允许乘组成员为他们的太空之旅表达食品的偏好。过程很简单。每份食品样品试吃以后，航天员们填写一张文档表格，记下对食品的评价。"9 分"表示航天员喜欢该食品，而"1 分"则表示航天员在飞行过程中不想食用这种食品。在对食品进行评价后，航天员还要预估一个食谱周期内希望吃这种食品的次数，并发表意见。毫不奇怪，俄罗斯烹饪方法与一般美国航天员所习惯的方法非常不同。在星城的食品试吃课期间，他们通常要试吃从加肉土豆泥到梅干鸡肉的各种食品。食品试吃课持续 3 天时间,之后航天员的味蕾就不怎么敏感了。在训练的后期,航天员们有机会吃到基于他们食品评价结果搭配的俄罗斯全套食谱食品,分散在训练中的几天进行。在国际空间站上,他们每 10 天进行一次食品轮换,但并不仅限于吃土豆和肉,因为可以选择吃两顿美国餐和一顿俄罗斯餐,或者两顿俄罗斯餐和一顿美国餐。

3. 远离家庭生活

显然,远离家庭在外度过这么长的时间,与家人分离引起的压力带来的挑战会越来越大。与军事任务中战士离家一年后回家不同,对航天员们来说,训练的结束意味着 6 个月飞行任务的开始,也有可能时间会更长。在这个训练阶段,已经与家人和朋友分离好几个月了,许多航天员意识到,最难克服的障碍不是俄语学习或穿尿不湿,而是连续几个月与家人分离带来的考验。对所有航天员来说,离开家的时间尤其煎熬,除非你是加拿大人,因为加拿大雇用合同比美国合同更考虑家庭因素。派往海外的加拿大航天员可以每 21 天自行与配偶见面,这样的特权当然有助于婚姻生活,因为据说很多航天员一年内在家的时间不到 10 周。

4. 鳟鱼服

在学习了怎样用枪射击狼和熊之后,航天员们要学习使用色彩艳丽的鳟鱼服(Forel Suit,见图 7.18)。鳟鱼服在"联盟"号飞船溅落在寒冷的水中时使用。在水上溅落训练中,航天员要按要求穿着鳟鱼服、带着翼型漂浮装具,从"联盟"号飞船跳入水中。这种橡胶连体服带有手套和头罩,能密封航天员的身体并与水隔离。在其他类型的天气和地域生存时,航天员们只要根据出舱时面临的情况,简单地增加或去除衣服的层数,来进行保暖或降温。对航天员来说,幸运的是俄罗斯搜救部队能保证在 48 小时内完成搜救。

图 7.18 加拿大航天员罗伯特·瑟斯克示范穿着彩色鳟鱼服
(图片来源:加拿大航天局。)

5. 过载

在发射、上升、在轨、离轨和再入的各个阶段,航天员们会遇到不同的加速度过载。例如,在"联盟"号飞船的正常再入过程中,航天员们会经受 $4\sim5G$ 的超重。虽然飞船已经进行了降低加速度过载值的设计,但也会出现紧急情况,特别是在再入过程中,这些力可能会很大(见知识卡 7.7),这就是为什么在航天员训练课程中有离心机超重训练的原因。

知识卡 7.7　弹道式再入返回

在 2007 年 10 月,"联盟"TMA-10 号飞船着陆在哈萨克斯坦,将执行完任务的航天员带回地球,包括国际空间站指令长费奥多尔·尤尔奇欣(Fyodor Yurchikhin),飞行工程师奥列格·科托夫(Oleg Kotov),和马来西亚第一位进入太空的航天员谢赫·穆斯扎帕尔·舒科尔(Sheikh Muszaphar Shukor)。返回过程曲线比平常更陡直。从西到东穿越哈萨克斯坦的中部,原计划着陆到阿卡里克小镇附近。但是,因为某种原因,"联盟"号飞船飞行了一个比平时更陡直的轨线,着落点不是计划的位置,乘组航天员经受了超过 $8G$ 的加速度。这是自"联盟"号飞船 2003 年 5 月 3 日将国际空间站第六批航天员带回地面以来,第一次进行了"弹道式"再入。

第二年 4 月,发生了类似的一件事,当时"联盟"TMA-11 号飞船着陆也是采用了"弹道式"再入。对飞船飞行路径的复核表明,一次大灾难差点发生。所有这些灾难并不是乘组避免的,而是航天器坚固的构造来保证的。一些报告中提到,"联盟"号飞船曾有几秒钟超重达到了 $11G$。航天员佩吉·惠特森(Peggy Whitson)回忆说,从飞船上 G 测试表看到显示 $8.4G$。

6. 重力理论

航天员在发射和再入过程中会经历持续加速度($+G_z$)的作用,持续时间超过 1 秒,几乎使航天员不能够呼吸。持续高加速度会引起血液囤积,以至于会引起航天员抽搐并最终黑视。由于后果较为严重,航天员熟悉这些情况是很重要的,这样他们才能处理飞行中的问题,例如,灰视、黑视或者意识丧失。

在他们飞往太空或从轨道返回的过程中,航天员们经历五个不同的加速度过载阶段,每阶段的加速度数值和持续时间不同:

1. 发射:通常在 $3.5\sim4.5G$ 。

2. 在轨:航天器的离心力与地球引力平衡,从而产生了接近"零重力"微重力环境。

3. 再入:加速度过载开始于 75 千米高度,在再入空气密度更高的大气环境层由于突然的牵引和减速而引起的。所经历的加速度 G 值大小取决于航天器进入大气层的角度。大的再入角度(>10°)产生了非常大的力(>25G),而角度减少到<1°则通常产生不到 5G 的力。在"联盟"号飞船的弹道式再入过程中,G 值可能超出 8G!

4. 着陆:因为"联盟"号飞船使用了大降落伞,且通常情况下降落在松软地面,正常情况航天员受到的着落冲击力不大于 5G。

5. 应急逃逸:在应急逃逸中不同的飞行阶段受到的力不同,但航天员们预期经受的高加速度过载值超过 15G,持续时间 1 或 2 秒。

对 G 值最敏感的生理系统是心血管系统(Cardiovascular System,CVS)。为了监测心血管系统变化,给航天员们配备了心电图和心率监测设备,这样他们就能看到自己在 G 值增加时的反应。一般情况下,他们能够预料到心率会随 G 值的增加而增加,这是加速度作用结果以及暴露在加速度环境中相关的心理生理应激综合征。事实上,由于对事件的预期,大多数人甚至在 G 值增加前就有心血管反应。

超重对中枢神经系统(Central Nervous System,CNS)的影响大多数是心血管系统效应的直接结果。这是因为中枢神经系统运行需要不断的血液供应,因此航天员身体对超重的耐受力与流到大脑的血液充足情况直接相关。因为这个关系,脑供血不足引起的症状被用来确定超重耐受力。一般情况下,使用直立坐姿条件下视觉丧失(Loss of Vision ,LOV)时的超重 G 值作为超重耐受水平的指标。航天员在离心机上经历的视觉症状是由于动脉压降低和较高的眼内压导致流到眼睛视网膜的血液减少引起的。表 7.4 概括了在这些过程中航天员可能经历的感官症状。

表 7.4　视觉损失分类标准

症状	描　述	症状开始	判　据
灰视(Gray-out)	部分视觉丧失,常常是在持续超重负荷作用下最先出现的生理反应。血氧水平低引起周边视觉减弱。能看见视场中心的物体,但是感觉好像被一团灰色薄雾围绕	3.5G	100%周边视觉丧失,同时伴有50%中心视觉丧失
黑视(Blackout)	灰色薄雾覆盖了整个视场,几乎立即变黑。航天员有意识,但看不见	5G 以上	100%中心视觉丧失,但是充足的血量到达大脑,使得意识和听力尚存

（续）

症状	描述	症状开始	判据
超重引起的意识丧失（Gravity Induced Loss of Consciousness，G-LOC）	在黑视后若持续超重将引起意识丧失,但是随超重负荷降低后会重新恢复意识	5G 以上	一般在黑视后随超重增加而出现

航天员们通过观察前方与眼睛同一个水平高度的光棒进行视觉丧失测量。光棒两端各有一个绿灯,中间有一个红灯。航天员直视光棒时,在眼睛或头部不移动的情况下,看不到绿灯,但能看到红灯,则发生了 100%周边视觉丧失。

7. 离心机训练

超重训练是在星城离心机上训练(见图 7.19)。与很多训练一样,离心机训练开始时要先复习超重耐力的主要理论知识。

图 7.19　星城的离心机
(图片来源:俄罗斯航天局。)

在进行训练设备介绍时,向航天员们展示吊舱内部,教员介绍用于支撑的可调节的脚踏板和用于保护乘员安全的肩部和腰部束缚装置。航天员们也有机会试戴实际训练中使用的面罩。面罩用于监测呼吸,并支持与控制台操作员进行双向通信联系。当他们坐在椅子上时,会看到一个小摄像头,它能对运行过程中航天员进行录像。

测试当天早餐后不久,航天员们在控制室观察一次设备空转。控制台操作员在分配每个航天员进行离心机旋转之前都要检查G值设置和通信系统。然后教员介绍安全规程,以及飞行医生和离心机操作员的职责。之后进行训练前的最后检查。检查后,保障人员指导航天员进入吊舱,连接好生物医学设备,包括12导联心电图,腕式血压计和呼吸监测设备。然后,他们启动离心机,使用类似于表7.5中描述的超重曲线。

表7.5　G值-敏感性测定明细表

运转顺序	运转类型	开始速率/(G/秒)	G峰值	超重时间/秒	偏移速率/(G/秒)
1	预热	0.1	6.0	5	0.2
2	GOR[①]	0.1	5.0	5	1.0
3	ROR[②]1	1.0	3.0	20	1.0
4	ROR 2	1.0	4.0	15	1.0
5	ROR3	1.0	5.0	15	1.0
6	GOR	0.1	8.0	5	1.0

①GOR(Gradual onset run)慢增长率:0.1G/s;
②ROR(Rapid onset run)快增长率:2.5G/s。

航天员在耐受慢增长率(GORs)时,不需要太费力,但快增长率(RORs)则完全不同。在最后测试中,离心机操作员会将G值提升至8G。大多数航天员描述说,感觉有一头大象压在胸部,而俄罗斯教员们喜欢比喻为与胖祖母热烈的拥抱!

7.4.6　在美国第Ⅱ部分训练

1. 在T-38飞机中体验超重

回到美国后,航天员们有机会在美国航空航天局T-38喷气式训练机上以更舒服的方式体验超重,作为航天飞行准备性训练。因为T-38可以轻松以超出马赫数1的速度飞行,通过进行桶滚、翻筋斗和副翼横滚等特技飞行很容易产生超重过载。

2. 科学实验准备

训练大约1年后,更多的任务细节得以确定,例如舱内活动(Intravehicular Activity,IVA)时间表,出舱活动实际工作和乘组分工。除了细化时间表外,航天员们用更多时间学习如何进行科学实验。因为每个航天员都分配有科学实验任务,所以掌握如何正确开展实验是很重要的。专家团队用数百个小时来帮助航天员,确保每个乘组成员都具备其所承担实验所需的知识和技能。

3. 国际空间站在轨科学实验

以前国际空间站的乘组已经进行过人体细胞培养实验,以研究癌症发展过程,并开展了抗生素研究以找到在地球上更快速生产抗生素的方法。他们也进行了植物培养实验以培育抗旱作物,并进行了晶体生长实验以提高汽油产量。他们还研究了微重力下的人体,收集了各种信息,包括从肺部如何工作到肾结石形成和肝细胞状态。其他实验,则充分利用了国际空间站的微重力环境进行物理过程研究。通过去除重力,研究者们能更好地认识半导体生产等过程中发生的一些更小的作用力。国际空间站有些实验只需要乘组成员进行启动和停止操作(例如,晶体生长研究),而另一些实验则需要乘组成员成为一个操作员(见知识卡 7.8)。例如,人体生命科学实验是比较独特的,因为要求航天员既当受试者,又当操作员。这些类型的实验特别有用,因为它们能帮助研究者更好地理解人体如何适应长期的微重力环境。

知识卡 7.8　国际空间站在轨科学实验

在国际空间站实施且需要航天员在地面训练的科学实验最近的一个例子是对航天员的长期不利影响-辐射剂量测量实验(ALTEA-Dosi)。来自意大利和美国的研究人员参加了该项实验,目的是对国际空间站的美国"命运"号实验舱内辐射环境进行评价。

虽然相对来说,在近地轨道航天员受到了较好的辐射防护,但对长期辐射暴露效应还了解得不够。按照航天员到月球表面停留 6 个月的计划,月面辐射水平将比近地轨道高得多,对辐射暴露进行更彻底的研究是很重要的。为此,意大利和美国科学家设计了 ALTEA-Dosi 实验,测量国际空间站粒子流,分辨粒子类型,测量粒子轨迹和沉积能量。这个实验需要对航天员进行设备操作训练,例如,舱内带电粒子定向分光计(IVCPDS)、舱外带电粒子定向分光计(EVCPDS)和一个装有六个硅粒子探测器的头盔状设备,这些设备用于测量穿过探测器的宇宙射线。

负责 ALTEA-Dosi 实验的航天员们,按训练要求在便携式电脑上启动测试软件之前,将头盔调整到一个特定角度。在每一次 ALTEA-Dosi 实验测试开始时,航天员先启动自动设置/校准程序和辐射检测程序。测试结束时,航天员要确认由粒子探测器收集的数据经过自动遥测实时发送至地面。

　　制定航天员科学实验训练时间表是一个复杂的过程。教员们首先必须确定每个实验所需要训练的航天员人数、训练时间以及谁来实施训练。然后,他们必须根据经费预算,确定需要什么流程和软件,及可能需要使用的设备和设施。一旦所有的信息确定下来,每个实验的个人训练计划就会整合到包含了某个学科的所有实验的计划中。因为乘组飞行前、飞行中以及飞行后的时间都是非常有限的资源,所以实验训练课的每一个细节都需要精心计划、实施和协调。常常由于一些实验较复杂,研究人员或研究项目负责人(Primary Investigator,PI)还要指导乘组成员进行实验操作。计算机辅助训练课程(Computer Based Training,CBT)用于帮助航天员进行科学实验训练,该课程由教学设计专家开发,用于乘组地面训练和在轨训练。当乘组在轨时,计算机辅助训练对熟练程度培训也是有用的。

4. 防护锻炼

　　在进行科学实验的间歇,航天员们还要用大量时间锻炼,这要求他们在国际空间站所需使用的锻炼设备上进行地面训练。

　　航天员们需要用大量时间锻炼,因为微重力环境会使几乎每个生理系统产生适应性症状。一些症状,例如空间运动病,具有自限性,会在几天内消失。而另一些适应性症状会产生进行性病变,最严重是骨骼系统的变化,且没有出现任何好转的迹象。文献最常记录的与飞行环境有关的生理变化是骨骼矿物质丢失,这是由于微重力环境中没有承重引起的。重力负荷的缺乏,不仅使直接作用在长骨和脊骨上的压力丧失,而且间接引起附着在骨骼结构上肌肉牵拉力的丧失。毫无疑问,骨骼失去负荷会引起骨质疏松,骨骼变得脆弱,骨裂愈合延迟。

　　锻炼是已经应用于短期和长期飞行中以帮助航天员对抗骨丢失的各种对抗措施中的一种。在"和平"号空间站任务期间,俄罗斯航天员一般每天锻炼2~3小时,使用强弹力绳固定在跑步机上,用一个腰带支撑腰部。如今这个方法仍在国际空间站上使用(见图7.20)。然而,尽管尝试了多种给骨骼施加负荷的方法和各种锻炼制度,乘组成员还是持续遭受骨丢失的困扰。经过40年研究骨骼负荷对骨生长的影响,负荷的最小阈值仍是未知数。

　　为了抵消对心血管、骨骼和肌肉骨骼系统的负面影响,航天员们在飞行任务中每天至少锻炼2小时,执行一套全面的防护锻炼计划。设计这些锻炼是要给骨骼施加负荷,引起机械应力作用于肌肉。乘组成员要执行飞行前设计的个人锻炼训练计划,该计划是根据个人锻炼测试、以前的飞行经验和体能水平制定的。在每次锻炼之后,体训教员可以下载一个文件,该文件含有乘组成员在训练时段的心率和肌力测量数据。每个月,乘组成员都要接受一次体能评估,以确定其有氧运动能力和力量水平。基于体能评估结果提出对锻炼计划的建议和修改意见,以确保防护措施持续有效。

图 7.20　在国际空间站的跑步机上跑步

(图片来源:美国航空航天局。)

5. 医学训练

2008 年 2 月,"亚特兰蒂斯"号(Atlantis)航天飞机乘组因不明医学问题导致某次出舱活动推迟 24 小时。欧洲航天局航天员汉斯·施莱格尔(Hans Schlegel)最终由美国航空航天局航天员斯坦利·洛夫(Stanley Love)替代,但他后来重新加入出舱活动人员轮换。该事件是航天员在飞行中遇到的许多医学小问题的一个典型例子。到目前为止,在美国航空航天局和欧洲航天局航天员的医学健康状况报告中,极少有需要重大医学治疗的事件发生,更没有发生航天员因医学问题撤离的情况。然而,在太空极端环境下,随着长期考察任务时间的延长,总有一天需要医学干预来处理表 7.6 所列举的疾病或损伤。

表 7.6　航天飞行中疾病和损伤等级分类

特　征	示　例	对　策
类别 I · 轻度症状 · 对操作影响较小 · 不危及生命	· 空间运动病 · 胃肠不适 · 尿道感染 · 上呼吸道感染 · 窦炎	· 自我护理 · 采用处方和/或非处方药物治疗
类别 II · 中度到显著症状 · 对操作有明显影响 · 有潜在的生命危险	· 减压病 · 空气栓塞 · 心率失常 · 接触了有毒物质 · 开放性/闭合性胸部损伤 · 骨折 · 撕裂伤	· 飞行中快速诊断和治疗 · 可能导致撤离 · 可能导致中止任务

（续）

特　征	示　例	对　策
类别Ⅲ · 突发严重症状 · 失去行动能力 · 不进行最终的医学处置将无法生存	· 爆炸减压 · 严重感染 · 大面积粉碎性损伤 · 开放性脑损伤 · 严重的辐射暴露	· 立即撤离，必要时可先采取复苏和稳定措施 · 采用缓解痛苦的措施

6. 乘组医学训练

面对可能进行Ⅱ类或Ⅲ类医学意外事件的处置，航天员们在地面提供有限支持的情况下需自主完成大部分必要操作。国际空间站上需要实施自主医疗处置，是因为通信延迟限制了实施能力。尽管国际空间站通信延迟只有 1 秒，空间站的医疗保健设备设计得给航天员自主权越来越大——在乘组中没有医生的情况下这个考虑非常重要。

因为不能保证每次任务都有一名医生航天员，任务中医学意外事件处置的重担就落在乘组医务员（Crew's Medical Officer，CMO）肩上。目前，乘组医务员是一个已经经过 34 小时医学训练的驾驶员或科学家，相比之下，乘组其他成员只进行 17 小时飞行前医学训练。然而，假如空间站任务扩展，乘组的医学训练有可能增加，入选国际空间站任务的航天员将执行类似表 7.7 概括的训练时间表。

表 7.7　美国航空航天局对国际空间站乘员的医学训练

训练课程	乘组	时间	射前时间
国际空间站航天医学概述	整个乘组	0.5 小时	18 个月
乘员医疗保健系统（CHeCS）概述	整个乘组	2 小时	18 个月
跨文化因素	整个乘组	3 小时	18 个月
心理支持熟悉	整个乘组	1 小时	18 个月
对抗措施系统操作[1]	整个乘组	2 小时	12 个月
对抗措施系统操作[2]	整个乘组	2 小时	12 个月
毒物学概述	整个乘组	2 小时	12 个月
环境健康系统微生物学操作和解释	环控生保系统	2 小时	12 个月
环境健康系统水质检测	环控生保系统	2 小时	12 个月
环境健康系统毒物学检测	环控生保系统	2 小时	12 个月

（续）

训练课程	乘组	时间	射前时间
环境健康系统辐射学检测	环控生保系统	1.5 小时	12 个月
CO_2暴露训练	整个乘组	1 小时	12 个月
心理因素	整个乘组	1 小时	12 个月
护牙程序	医务员	1 小时	8 个月
国际空间站医学诊断[1]	医务员	3 小时	8 个月
国际空间站医学诊断[2]	医务员	2 小时	8 个月
国际空间站医学治疗方法[1]	医务员	3 小时	8 个月
国际空间站医学治疗方法[2]	医务员	3 小时	6 个月
高级心脏生命支持(Advanced cardiac life support,ACLS)设备	医务员	3 小时	6 个月
ACLS 药理学	医务员	3 小时	4 个月
ACLS 方案[1]	医务员	2 小时	4 个月
ACLS 方案[2]	医务员	2 小时	4 个月
心肺复苏	整个乘组	2 小时	4 个月
精神症状	整个乘组	2 小时	4 个月
对抗措施系统评价操作	医务员	3 小时	4 个月
神经认知评估软件	整个乘组	1 小时	4 个月
对抗措施系统维护	整个乘组	2.5 小时	4 个月
环境健康系统预防和修正维护	整个乘组	1 小时	4 个月
ACLS"术科考试"实际练习	整个乘组	3 小时	3 个月
心理因素[2]	整个乘组	2 小时	1 个月
医学复习	整个乘组	1 小时	2 周
医务员计算机辅助训练	医务员	1 小时/月	任务期间
乘员医疗保健系统应急演练	整个乘组	1 小时	任务期间

　　为了确保在国际空间站长期飞行任务期间处置和恢复恰当,各航天局利用模拟病人(Human patient simulator,HPS)的微重力生理学模型对航天员进行授课和医学处置规则指导(见图 7.21)。课程包括医学训练、远程指导和远程医疗技术,这是基于在月球上建立病人护理设施的高仿真度环境模拟训练(high-fidelity environment analog training,HEAT)概念。

气压性创伤——耳塞/窦塞

（国际空间站 医学/3A-所有/FIN）（ISS MED/3A-ALL/FIN）　1/1 页

气压性创伤——耳塞,窦塞

> **注意**
>
> 由于气压降低和积存气体膨胀导致的症状。症状可能发生于出舱活动前的减压过程中或座舱失压之后。大多数情况下在加压后疼痛会缓解。加压后如果持续耳痛则需要检查。

症状

腹胀

耳痛

无法打开耳部咽鼓管

听敏度丧失

窦痛

牙疼

下颌疼

处置

声学测量

项目(蓝色)

1. 如果重新加压后耳痛持续,使用耳镜检查(生理检查-9)

   查找下述症状：

   耳膜发炎、红肿

   耳膜穿孔

   耳膜出水,清亮的或带血的

2. 联系外科医生,并提供检查结果

图 7.21　国际空间站乘员使用的医学处置规则

(图片来源:美国航空航天局。)

7. 远程医疗

在受伤严重需要手术治疗时,有可能需要遥控或远程监控手术—远程医疗(见知识卡 7.9 和图 7.22)。在使用这种方式进行手术时,医生远程遥控机器人设备进行真实的手术。这个方法已经成功用于跨洲际远程手术,也已受到美国航空航天局的关注,在其位于佛罗里达拉戈岛海岸线附近、水下 20 米处的"宝瓶座"海底研究站开展研究。

知识卡 7.9　远程医疗

目前尚未有微重力环境中的基本生命支持和高级生命支持的真实应用事例。除了对实验动物在轨手术外,只是在座舱实物模型、离心机和抛物线飞行中进行了应急医学程序模拟,但这些模拟固有局限是时间短,只有 20~25 秒微重力时间,当飞机进行抛物线飞行时交替出现 2G 加速度过载。对实施胸外按压的不同方法进行试验,包括对"自由飘浮"的病人进行心肺复苏,但是在微重力环境或部分重力环境中不太可能按照目前地面方式长时间实施有效的人工心肺复苏。几个研究人员对气道管理的传统方法进行了试验(面罩与袋子、气管导管、喉罩);无论操作者技术是否熟练,在微重力条件下保护气道所用的时间比在 1G 重力条件下所需要的时间长,但是所有程序在技术上都是可实现的。

图 7.22　在俄罗斯星城加加林航天员训练中心
进行不同的远程医疗机构测试

(图片来源:德国宇航中心。)

8. 美国航空航天局极端环境任务作业项目

"我们已经知道,远程指导一个未经训练的人员完成复杂的医学任务是可能的,也是安全的。"

——迈赫兰·安瓦里医生(Dr Mehran Anvari),研究项目负责人,
马克马斯特大学最小创伤手术中心

在 2004 年 10 月美国航空航天局极端环境任务作业项目(NEEMO)任务期间,安瓦里医生在安大略省的汉密尔顿他的家乡远程指导乘组进行了胆囊手术和动脉缝合。虽然 6 人乘组中的 3 人是医生,但没有一个是外科医生。除了安瓦里医生提供的帮助,乘组还得到了一个专为远程医疗设计的机器人(宙斯系

统)的帮助。

2004 年的 NEEMO 任务和随后进行的 NEEMO 任务证实了远程医疗技术不仅可以让乘组成员与资深外科医生进行远程连线,还可以作为视频和诊断过程图像下行的工具。然而,尽管远程医疗技术高端,但技术永远不能替代训练有素的乘组医务员和积极主动的乘组。虽然可以对普通手术和医学应急情况做出预测并做好准备,但一些预料之外的事情还是会发生。例如,在南极洲,在没有足够设备的情况下,医生凭借其聪明才智和创新完成了蛛网膜下出血手术[3]。这件事充分证明人类对拯救生命的执着,也证明对突发状况的即时应对也可能取得成功。由于远程医疗的能力得到证明,未来它有可能成为航天员训练安排中日益普遍的特点,尤其是在重返月球的日子隐约可见更近的情况下。

本章所描述的训练课程覆盖了航天员任务专项训练阶段需要完成的大部分准备工作。任务训练强度大且富有挑战性,对于首要目标是乘坐火箭进入太空的航天员来说,必须专注应对。在完成该阶段训练后,他们做好了飞往太空的准备。下一部分(第三部分)将介绍通往那个热切期待的目标所经历的事件,但在讲述他们最后的射前准备共工作之前,结合美国航空航天局和欧洲航天局的长远目标,有必要介绍一下航天员训练在不远的将来会发生怎样的变化。

参考文献

[1] Houtchens, B. A. Medical-Care Systems for Long-Duration Space Missions. *Clin. Chem.*, 39 (1), 13-21(1993).

[2] Jennings, R. T.; Sawin, C. F.; Barratt, M. R. Space Operations. In: R. L. DeHart, and J. R. Davis (eds), *Fundamentals of Aerospace Medicine*, 3rd edn. Lippincott Williams and Wilkins(2002).

[3] Pardoe, R. A. Ruptured Intracranial Aneurysm in Antarcica. *Medical Journal of Australia*, 1, 344-350(1965).

第8章　未来的航天员选拔与训练

"招募勇士参加探险。薪酬微薄、严寒环境、长时间不见天日，还不一定能平安返回。但如果成功你将获得荣耀和个人价值认可。"

——传说中的海报，由欧内斯特·沙克尔顿爵士（Sir Ernest Shackleton）在开始传奇的 1914 皇家穿越南极探险之前贴出

被认定由伟大的沙克尔顿贴出的海报虽然可能是杜撰的，但其内容同样适用于为未来探索级任务选拔的成员。沙克尔顿、弗里乔夫·南森（Fridtjof Nansen）、道格拉斯·莫森（Douglas Mawson）进行的探险活动已经过去一个世纪，但从多方面来说，太空旅行者从事的星际探索也同样面临隔离与密闭环境。虽然环境将有所不同，但未来太空探索者面临的许多问题与困扰以往探险家的很多困难是相同的—这反映在本章介绍的一些独特的选拔训练准则上。

8.1　未来乘组选拔准则

如果进展顺利的话，2025 年后将会建立月球前哨基地。一旦完成该目标，美国航空航天局和欧洲航天局将会把载人登陆火星任务作为下一步目标。甚至在 2025 年以后，进行载人火星探险（见图 8.1）也很可能是人类能够达到的最远

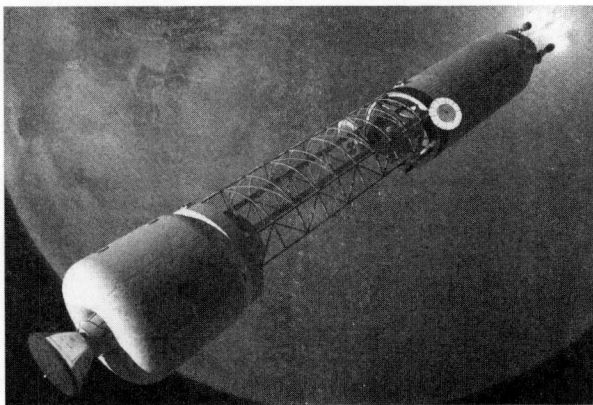

图 8.1　航天员登陆火星计划需要新的选拔和训练程序

（图为一枚飞近火星的热核火箭。图片来源：约翰·弗拉萨尼托联合公司（John Frassanito and Associates）。）

目的地。载人火星探索不仅要求飞船性能最佳,而且要求航天员状态最佳,哪一方面出现问题都可能导致任务失败。因此成功不仅取决于选拔合适的航天员队伍(见表8.1),还取决于能够对他们进行有效的训练。

表 8.1　火星任务乘员选拔要求

个体要求:	
男性	年龄大于50岁
符合航天局医学标准	具有团体意识
没有心理问题	具备有效解决冲突的能力
具有技术竞争优势	具有团队精神
医学要求:	
疾病基因筛查	骨密度在平均值以上
进行过阑尾切除	抗辐射基因筛查
进行过胆囊切除	肾结石筛查
社交技能和行为特征:	
社会相容性	宽容
情绪控制	令人愉快和灵活
耐心	实干和勤奋
性格内向但善于交际	不易令人厌烦
能感受他人需求	渴望和乐观的人交往
具有缺乏成就的高耐受性	具有对轻微精神刺激的高耐受性
自信但不自负	可将个人兴趣置于团队目标之下
乘组相容性特征:	
能够策略地处理人际关系	具有有效解决冲突的能力
具有幽默感	具有容易娱乐的能力

8.1.1　乘组组成

1. 乘组规模

"人的因素占探险成功因素的四分之三"

——传奇的挪威极地探险家罗尔德·阿蒙森(Roald Amundsen)

与阿蒙森和沙克尔顿的极地探险团队面临的情境一样,星际探索者也面临严酷、隔离的环境,这将显著增加探险的艰难程度。假如航天员具备一名乘员履行职责所需的知识和技能,但如果他/她不能在不比校车大的飞行器或者居住舱内与其他乘员和谐相处的话,那这些知识和技能将毫无作用。由于探索级任务的独特性,乘组组成和乘组相容性将成为很重要的选拔因素,因为这些因素存在对任务产生负面影响的可能性。

当美国航空航天局和/或欧洲航天局最终进行载人火星任务时,乘组规模很可能和目前理念一致,那就是越小越好。很多最成功的极地探险活动采用了该原则,例如南森的 3 年"弗雷姆"(Fram)号探险活动仅有 13 名成员,而沙克尔顿的皇家南极探险也仅仅由 27 人组成。尽管处于极端隔离和长期受限制环境,但南森和沙克尔顿的探险活动几乎没有出现人际关系问题,这很大程度上归功于乘组人数少且由同类人组成。这条经验也应该应用于确定人类第一个星际乘组的组成。

2. 乘组角色选择

星际乘组每名成员的职业角色尚未确定,但几乎可以肯定的是必须有一名驾驶员,考虑到任务持续时间长的特点,也很可能会有一名医生。指令长的角色将分配给最有经验的航天员,但不一定是驾驶员,这与已有的很多航天飞行任务情况一样。因为这样的任务具有科学目的,可以肯定的是乘组要包括至少一名科学家,而其他乘员将进行大量的各种科学学科的综合训练。

3. 乘组性别

有一个问题存在争议:乘组是否全部为男性或女性,或者是男女混合。有人认为女性乘组可以形成更好的人际关系,而且女性更可能选择非对抗的方式解决人际问题。其他人认为,男女混合乘组中由于女性的加入竞争较少并且乘员更容易相处。来自南极越冬小组的证据支持这两种观点,并表明女性除了承担任务之外,还能关心照料他人。然而,在一个男性小组中加入一名女性将因为性问题而带来不稳定的影响,这个话题众所周知在各航天局一直不愿意讨论! 幸运的是,至少对任务规划者来说,研究表明在长期飞行任务中航天员性激素水平降低,能够显著降低性冲动,因此性可能不是一个问题。但是为了保险起见,首次任务很可能全部由男性组成。这个结论不仅仅基于社会心理问题的原因,还因为男性耐辐射能力更强,因此能够降低任务总体风险。

4. 乘组相容性

影响乘组相容性的过程常常令人难以理解。进行过实际飞行最多样化的乘组可能是航天飞机 STS-51G 任务,该乘组中有普通公民也有美国航空航天局的军队航天员,有男性也有女性,有沙特阿拉伯的王子,也有法国航天员。尽管任务具有多国家特点,面临多文化挑战,但大家一致认为 STS-51G 乘组是一个和谐的乘组,他们在整个任务期间都能有效地工作。然而典型的航天飞机任务持续时间不会超过 2 周,而星际任务将持续 2 年甚至更久,乘组相容性问题对任务效率的影响将显著增大。

确定乘组相容性的难题在于没有一种测量方法来预测乘组能否一起有效工作。有的研究者倾向使用心理表现测试和人格问卷的方法。另外的研究者倾向基于行为的判断方法。俄罗斯曾研发多种评估人际相容性的方法,认为生物节律是一个可用于航天员选拔的有用工具。乘组相容性方面最有用的参考经验可能是南极越冬任务和极地探险中的研究结果。事实上,由于以前沙克尔顿、南森、阿蒙德森的成功探险以及南极科研站的经验,关于乘组组成和相容性知识很多。恶劣环境中乘组动力学的历史资料给任务规划人员提供了足够多的信息,使其能够谨慎地选出相容的乘组。

8.1.2　特殊选拔准则

鉴于 3 年期任务独有的特点,各航天局将会采用某些非传统的选拔准则,比如基因筛查和预防性手术。由于这些准则的独特性,选出人员有可能会越过法律边线,和军人参军时要放弃某些个人权利一样,入选火星探险任务的航天员预计要做同样的选择,接受对实现他们共同利益,即任务成功有贡献的集体主义标准。

8.1.3　基因筛查

目前国际立法禁止雇主依据个人基因信息作雇佣决策。然而,各航天局承担繁重的选拔任务,选拔出历史上可能最独特的航天乘组,显然可以获得豁免。

1. 原因

就像伊桑·霍克(Ethan Hawke)在《千钧一发》(*Gattaca*)中(见图 8.2)的表现一样,未来的火星航天员有可能在医学检查时进行基因检测。基因检测能够使航天局诊断遗传性疾病的易感性,这些遗传病可能在长期任务中引发问题。检测会揭示基因疾病发病和增大罹患基因疾病风险的相关基因突变的信息。另外,基因检测还能确认或排除可疑的基因问题,并提供航天员会患基因疾病可能性的信息。

2. 检测类型

诊断性基因检测主要用于排除大部分基因或染色体问题;而载体基因检测主要用于识别候选者是否携带可能引发基因疾病的基因突变的副本。预测性基因检测主要用于检查候选者是否携带有可能发生疾病的基因突变,虽然在检测时其特征尚未显现(见知识卡 8.1)。该类型检测能识别在任务期间有发生疾病(如癌症)风险的基因突变。显然,如果有一项检测结果为阳性,候选者就可能会被淘汰。

图 8.2　未来乘组选拔方法可能会如电影《千钧一发》所述

（图片来源：互联网电影资料库。）

知识卡 8.1　各种检测类型

诊断性基因检测用于识别或者排除特定基因或者染色体问题。很多情况下，当基于体征和症状怀疑是某个疾病时，用基因检测确认诊断。载体基因检测主要用于识别个体是否携带有一个基因突变拷贝，当有两个拷贝时就会发生基因疾病。预测性基因检测用于检测与出生后发生的基因疾病有关的基因突变，通常这些疾病会在以后的生活中发生。这些检测对那些家族成员患有基因疾病而本人在检测时没有疾病表现的人有帮助。

基因检测主要使用血液、头发或者皮肤样本，样本被送到实验室，由实验室技术员寻找染色体、DNA 或蛋白质的变化。鉴于要解释基因检测结果，各航天局需要非常谨慎地确定候选者的基因谱。例如，阴性的检测结果意指实验室没有检测出异常基因、染色体或蛋白质。虽然检测结果可能表明个体没患上某个疾病，但也可能是因为检测遗漏了能引起疾病的基因改变。这是因为有些检测无法检测与特定疾病相关的全部基因改变。为了消除不明确性，各航天局希望放弃那些无参考价值和无明确结论的检测并进行第二次检测。然而，一旦检测结果为阳性，候选者面临的后果可能将是不再被作为航天员人选。毫无疑问，阳性结果将使候选者为当航天员用多年职业生涯积累的各种资格条件功亏一篑。然而，这些检测确实必要，因为它们能诊断出航天员在任务期间可能患致命疾病的这一可怕后果。

8.1.4　预防性手术

一旦乘员经检查确定未来不会患基因疾病或身心机能紊乱，并被暂时选入火星任务,可能会被要求进行预防性手术。候选者可能被要求的预防性手术很多,但最有可能的一项是阑尾切除。

1. 阑尾炎

阑尾是结肠第一段的附属肠,呈细管状,末端封闭。如果阑尾的开口部分被堵塞,或者阑尾内部脂肪组织胀大,细菌(正常情况下在阑尾内部就能发现)就有可能侵入和感染阑尾壁。感染引起阑尾炎,机体反应为阑尾红肿,可能最终导致阑尾破裂,从而使细菌散布到阑尾外。阑尾可能穿孔引起脓肿,或者有些情况下,能感染整个胃的内壁。阑尾炎发作时可能需要使用经鼻胃管排空胃内容物。毫无疑问,在零重力的飞船狭小空间的环境里,这样的操作程序甚至对最有经验的外科医生来讲也是挑战。而阑尾炎最可怕的并发症是败血症,这是细菌进入血液、感染身体其他部位的一种疾病。即使在地面上,败血症也被视为严重的并发症,而对于飞往火星或者返回地球途中的航天员来说,这样的并发症可能就是宣告死亡。

2. 医疗保障

单单因为并发症就要对火星乘组进行阑尾切除尚存在较大争议,不过还有其他原因需要考虑,比如疾病诊断—诊断过程要使用维持生命所必需的医疗消耗品。对于疑似患上阑尾炎的乘员,诊断手段可能只有尿液分析和超声检查。出现并发症时,因为可用医疗资源极其有限而不可能做 CT 扫描和腹部 X 射线检查。尽管可做腹腔镜检查,但腹腔镜检查需要用带摄像头的细小光纤导管通过在胃壁穿孔插入腹部,要求进行全身麻醉,在零重力环境下进行这些操作极具挑战。此外,即使是在地面,阑尾炎的诊断也常常很困难,因为其他疾病的炎症问题也酷似阑尾炎的症状。

3. 阑尾切除手术

如果一名乘员被确诊为阑尾炎,下一步就是进行治疗,治疗方案包括阑尾切除手术。由外科医生把阑尾区域的表皮和腹壁切开约 4~6 厘米,找到并切除阑尾。如果发生了脓肿,必须在缝合切口前排脓引流。近年来,腹腔镜手术已能用于进行阑尾手术,但在零重力环境下实施可能还存在风险。

一旦火星乘组候选人通过了基因筛查,进行了要求的预防性手术,他们无疑可以长舒一口气了,盼望着开展火星任务训练!然而对于那些渴望到火星的人来说,医疗方面的准备工作还没有结束。

8.1.5 低温贮藏

现在知道,短期航天飞行对航天员怀孕和生育健康宝宝没有不利影响。然而怀孕的航天员不能在真空舱、KC-135 零重力飞机、T-38s 教练机以及中性浮力设施内训练。因为火星任务训练要求的原因,任何航天员怀孕后都可能会从飞行名单上删除。对希望怀孕的航天员来讲,另一个问题是长期航天飞行任务对生育能力的影响,以及长期深空辐射环境暴露导致基因受损概率增加。往返火星对人类生育能力影响的特征尚不清楚,因此火星任务规划人员很难提供辐射风险指南。目前可能的解决方式是实施低温冷冻贮藏计划。对于女性来说,贮藏胚胎能够规避银河宇宙射线或者太阳粒子事件对胚胎的伤害。贮藏也能提高生育力,因为胚胎移植怀孕和流产的比率主要与胚胎收集时的年龄有关。对女航天员来讲,另一个可选项是卵巢组织的低温贮藏。对于男航天员来讲,可选择精子低温贮藏以防他们重返地球后无生育能力。

8.2　未来乘组训练

8.2.1　生物伦理学

目前航天员选拔和训练的伦理学标准是在短期航天飞行任务年代发展的,那时重复任务是常态,且在几天内能返回地球。在未来地球轨道之外的飞行任务中,航天员乘组人员类型多,探险目的地遥远,飞行时间越来越长,和飞行任务控制中心联系有延时,不可能快速返回地球。目前航天员选拔和训练中的伦理标准无法适用于长期月球任务以及长达数年的火星任务不可避免产生的特殊情况(见表 8.2)。随着未来长达数年的任务临近,任务规划人员将会设计新的伦理标准框架,以指导任务指令长和乘员在处理潜在的棘手道德问题时做决策。

表 8.2　长期飞行任务选拔和训练的生物伦理学问题

如何处理掉乘员的尸体?
当航天员患上致命疾病并还要继续消耗珍贵的氧气时,生命保障应何时关闭?
医疗资源里是否应该包含用于限制人活动的约束衣?
美国航空航天局在航天员执行火星任务之前是否应批准实施预防性手术,如切除阑尾、扁桃体以及胆囊?
如果乘员在任务期间丧失能力,谁应该成为代理决策人? 配偶? 美国航空航天局的医生? 其他乘员?
美国航空航天局是否应批准基因筛查作为航天员选拔过程的一部分?

8.2.2 性

讨论最多的伦理问题可能是如何处理年轻健康的男女乘组内部的性需求问题。性需求问题可能一直是任务规划者的禁忌,最容易解决方法是选拔全男性或全女性的乘组。尽管采用这个策略可能会淘汰掉条件更好的候选者,但任务规划者认为,多年期任务中性引起的行为问题要比这个策略的弊端更严重。尽管有些人认为乘组全部为男性可能会产生其特有的问题,然而,无数的多年极地探险活动,如沙克尔顿皇家穿越南极探险(见图 8.3),提供了充足的证据表明在极为受限的环境中一群男人度过数年不会发生导致任务失败的行为问题。

图 8.3 欧内斯特·沙克尔顿爵士

8.2.3 绝症

更为急迫的伦理学问题是如果任务期间航天员罹患绝症该采取怎样的措施进行处理。在这类事件中,指令长可能会接到飞行任务控制中心的指示实施乘员安乐死,以节省医疗物资和生命保障消耗物质。另一方面,生病的乘员得知自己只有很少的存活时间,可能会提出为了任务牺牲自己的生命。在这种情况下,任务指南会指导指令长做什么?毫无疑问,对乘员实施安乐死将会使航天局不受公众和媒体的待见,公众和媒体可能会认为航天员的生命比任务成功更重要。这种观念一点不奇怪,因为至今为止,在国际空间站上的航天员生病或者受伤都能有机会乘坐"联盟"号飞船离开空间站,数小时内返回地球。不幸的是,当最近的医院在数百万公里外时这样做是不可能的。对于诸如"谁应该离开救生船"的情况,有必要给任务指令长和乘组制定必要的伦理学标准体系,以帮助做出艰难的决策。

8.2.4　休眠

另一个重要的训练是熟悉旅途中休眠程序的理论和实践课。尽管休眠方法还未超出科幻领域范围,但到第一次火星任务时技术上有可能实现。很多人一想到长期航天旅行和休眠就想起电影《异形》(Alien)的片头场景。然而,休眠技术不再仅仅存在于科幻电影里,美国航空航天局和欧洲航天局已经资助研究使航天员们在几月时间里休眠的方法。尽管这个概念似乎比较超前,但摆在航天员面前的令人生畏的飞行时间表意味着需要认真考虑休眠技术。除了长期飞行的单调无聊,还有后勤保障的巨大压力也需要航天员进行休眠。据欧洲航天局和美国航空航天局估算,一次典型的火星往返任务,一个 6 人乘组就需要 30 吨的消耗品。除了食品,还必须考虑废物产生和氧气消耗问题。休眠的航天员需要的氧气和食品更少,这样就能使用更轻的飞船和更少的燃料(见表 8.3)。现在,科学家们和工程师们正在设计"睡眠舱"(见图 8.4),与电影《异形》中"诺史莫"号(Nostromo)飞船上的相似。

表 8.3　休眠对生命保障需求的影响[1]

生命保障要素	目的	休眠的影响
大气管理	空气循环、温度、湿度和压力控制 大气再生 污染控制	减少加热需求 减少再生需求
水管理	提供饮用水和卫生用水 废水的回收和处理	显著减少
食品储存	提供食品	显著减少
废物管理	人体排泄物的收集、储存和处理	显著减少
乘组安全	火情探测和灭火 辐射报警系统	增加系统要求
乘组心理	乘组精神健康维护	减少
乘组健康	骨丢失和肌肉萎缩	增加系统要求

人类能够实现休眠吗?在为欧洲航天局预先概念研究组工作的科学家们看来,答案是肯定的。预先概念研究组的科学家们已经研究了其他的物种,如熊、地松鼠和啮齿动物,对这些物种来说,休眠(见知识卡 8.2)是它们生命中正常的一部分。并且,研究人员已经能够在活体细胞上用化学药品诱发了类似状态,并且已经在小型、非冬眠的哺乳动物如松鼠(见图 8.5)上取得了进展。

图 8.4　去往火星途中的航天员也许能睡在类似经典科幻影片《异形》中的休眠装置中进行休眠
（图片来源：互联网电影资料库。）

图 8.5　加利福尼亚地松鼠
（图片来源：自由软件基金会/维基百科。）

知识卡 8.2　休眠科学

使航天员进入休眠状态的关键有可能是人工合成类似鸦片的化合物，叫"戴德勒"（Dadle），或"D-Ala2,D-Leu5 脑啡肽"。将该化合物注射到松鼠体内时，松鼠在夏天进入了休眠状态[2]。该项研究已经扩展到"戴德勒"对人体细胞的作用研究，结果表明能够延缓人体细胞分裂速度。结合脑啡肽研究，研究人员开展了合成药品多巴酚丁胺和胰岛素生长因子（isulin-growth factor，IGF）的试验。多巴酚丁胺通常用于增强卧床病人的心肌，但用在休眠的航天员身上，它能够使航天员在长期非活动状态下保持健康。胰岛素生长因子能够用于增强航天员的免疫系统，因为免疫功能在长期非活动状态下会降低。

1. 休眠训练

训练过程如何进行？首先,要求乘组健康状况达到非常高的水平,体力达到峰值,以应对休眠压力和数月处于休眠状态对身心健康的不利影响。然后航天员们将会进行 7~10 天的短期休眠。休眠训练课程在休眠装置中进行,这是一种非常先进的医疗设施。飞行医生会给航天员连接静脉输液管,用液体和电解质来补偿休眠期间血液成分的改变。然后,使用休眠药物使航天员进入休眠状态。休眠期间,一套医学传感器和休眠管理设施会监测休眠航天员的状态。除了要确认体温、心率、大脑活动以及呼吸处于正常范围,医学设备还要监测血压、血糖水平和血气。在完成休眠训练课程后,航天员们会被唤醒并接受飞行医生的评估。由于潜在的不确定的生理和行为后果(见知识卡 8.3),从深度休眠状态苏醒是宝贵的训练经历。

> **知识卡 8.3　休眠对人行为的影响**
>
> 　　研究表明,深度休眠可能对大脑有影响。该发现令那些飞往火星的人担忧——该任务要求乘员具有功能健全和未受损的大脑! 问题主要发生在进入休眠过程中,当体温渐渐降低,体温降低过程导致了脑皮层能力降低,以及睡眠结构和记忆固化发生显著的差异。对休眠后苏醒人员更多的担心是对空间记忆以及操作性条件反射的损害。当然,只有人类真正进行休眠时,我们才能确切地知道这些影响。

为应对实际任务中出现紧急事件,休眠装置配备了人工智能(Artificial Intelligence,AI)现场监测模块,其工作原理和医学监测系统类似。监测模块将监测休眠医疗装备,确认环境参数维持正常,并监测偶发事件,例如太阳风暴或者可能需要唤醒乘组的中途调整。

尽管航天员休眠可以解决火星任务中深空阶段的很多问题,但有些问题尚未解决。科学家们需要研发出能够诱发休眠状态的药品,且缺少休眠副作用的研究。例如,休眠对记忆的影响,对新陈代谢的影响,或者对免疫系统的影响暂时都不清楚。另一个问题是零重力环境与休眠的不活动状态综合作用的有害影响,虽然这可能用一些人工重力的方法来解决。其他挑战还包括休眠状态诱发、建立、调整以及退出过程,以及如何对休眠中的人给予化合物。要实现和完善人类休眠技术需要药理学、基因工程、环境控制、医学监测、人工智能、辐射防护、治疗学、航天器工程以及生命保障等专业的知识和技术,并进行整合。只有当所有这些专业得到成功整合时,人类休眠才能把长时间远距离的飞行变得更舒适些。

8.2.5　星面探索高级训练

首批火星乘组需要培训一系列新技能才能进行火星表面探索活动。美国航空航天局的火星任务在概念设计中分两步实施。第一阶段,航天员们在机器人系统辅助下探索火星表面,收集和分析地理和气象数据,寻找适宜的基地位置,进行技术验证试验。第二阶段,选定基地位置并建立永久的基地(见图8.6)。为了实现两阶段的目标,航天员们需要操作原位资源利用设备(In-Situ Resource Utilization,ISRU)、核电系统、温室、建立充气式住所(见图8.7)和实验室,并在住所内修建建筑。一旦火星基地建成后,航天员们的注意力将转向火星表面探测活动,探测活动要求使用轮式车、履带车、软式小型飞船、空气钻和仿生探测器。这些系统和探险结构需要航天员在模拟环境里进行实用性测试,例如德文郡岛的霍顿山口。在这里火星任务航天员要测试火星居住舱的完整性,检验通信体系结构,验证革命性的勘探体系结构。

图 8.6　未来的火星基地
(图片来源:美国航空航天局。)

图 8.7　可用于建造火星基地的充气式住所
(图片来源:美国国家海洋和大气管理局。)

8.2.6　探测系统的仿生工程

载人火星任务是非常复杂的远征探索活动,是有史以来最复杂和功能要求最大的任务。尽管航天员们将用大部分时间进行探测活动,但他们工作日中很多时间也会用于照料生命保障系统、维修设备以及进行日常维护工作。理想情况下,为确保科研回报最大化,航天员们若能部署自主探测器那将是有帮助的。这些系统能够勘测火星表面,进行科学实验、执行侦察任务。幸运的是,多亏有多学科的产物探测系统仿生工程(Bioinspired Engineering of Exploration Systems, BEES),因此有方法实现这个目标。

探测系统仿生工程代表了美国航空航天局和欧洲航天局正在采用的航天探测新方法。通过研究生物与它们环境的相互影响方式,各航天局计划应用相似原理开展诸如火星等行星探测。然而,研究目的并不局限于模拟一个特殊生物有机体的运行机制,而是模拟各种不同生物的最好特性,并将它们应用到想得到的探测功能中。采用这种方法,工程师们希望建造的探测系统能力可超过自然界的能力,因为这些系统将拥有最好的经过自然检验的机制的组合以实现特定功能。这种方法是符合逻辑的,因为,通过数十亿年的进化,自然界已经完善了它的设计,通过选择这些设计的最好部分,探测系统有可能超越生物并获得史无前例的能力和适应性。

1. 仿生探测器

目前,被工程师们称作生物形态探测器的研发工作已经开展,采用的原理是探测系统仿生工程原理,也即仿生学。仿生学主要系统解决生物系统塑造过程和生长原理的技术实现与实施问题。应用仿生学原理,工程师们计划研发两类生物形态探测器,即星面探测器和空中探测器。因为要使用星面勘探体系结构内的自主探测器,航天员们需接受仿生系统的操作训练,如昆虫式飞行器和壁虎式探测器。

2. 昆虫式飞行器

20 世纪 90 年代,美国国防部预先研究项目局(Defense Advanced Rearch Project Agency, DARPA)就考虑过昆虫般大小的微小飞行器的可行性。国防部预先研究项目的研究成果诞生了昆虫式飞行器(Entomopter),Entomopter 是昆虫(Entomology)和直升机(Helicopter)的组合。不久,深谙空气动力技术在探索活动应用潜力的美国航空航天局决定开展自己的相关研究。

在火星上飞行的问题之一是大气稀薄。这意味着飞行器必须有很大的表面积而且需要以非常高的速度飞行才能产生足够大的升力,这对探测不是很有用。

第Ⅱ部分　为太空生活做准备

另一种获取所需升力的方法是扇动翅膀,但仅仅上下扇动翅膀并不足以在火星环境中实现飞行。为了产生足够的升力,在扇动翅膀的同时必须有产生附加升力的机械装置,这种装置采用了昆虫扇动翅膀时进行旋转产生马格纳斯力的原理。通过复现这些昆虫的飞行机制,研究人员研发了昆虫式飞行器,能够在火星环境中飞行并能够接近星面运行。

3. 模拟环境中仿生器训练

航天员们在诸如德文郡岛霍顿山口(见图8.8)的模拟环境中进行仿生器训练。在这里,航天员们学习如何使用昆虫式飞行器外出侦察寻找潜在有意义的勘察点并执行调查任务。还要学习昆虫式飞行器任务基线的基本知识,昆虫式飞行器任务开始时由航天员把一天的任务输入昆虫式飞行器计算机中,并确保机载加油车处于可使用状态。任务输入完毕后,航天员们就会从航空燃料供应车释放飞行器,昆虫式飞行器开始执行任务。尽管昆虫式飞行器的飞行只能持续5~10分钟,但因为有燃料供应车加油,就可以飞行多个架次。昆虫式飞行器在霍顿山口进行勘测时,为了免除乘组人员的监视工作,和普通的航空飞行器一样,昆虫式飞行器装备了飞行控制、导航和防撞软件。以燃料供应车为中心的系统是昆虫式飞行器软件的一部分,能不断更新飞行器相对加油车的位置,以防耗尽燃料。同样,和普通飞行器一样,昆虫式飞行器也装备有雷达,既能绘制障碍物地图,也能为自身提供内在的归航信标能力,以及通过燃料供应车直接发射信号实现双向通信。

图8.8　加拿大德文岛上的霍顿山口

(图片来源:火星协会。)

4. 生物形态探测器任务

航天员们在放飞昆虫式飞行器后,可能就把注意力转移到生物形态探测器编队上。因为探测器灵活多用,航天员们可以把各种各样的科学目标分配到一系列的生物形态探测器任务中。这些任务的特点是协同使用现有的、常用的地面和空中工具,例如住所和车辆。科学目标可包含用于识别危险物的特写镜头成像,评估地理位置,收集大气信息和部署地面载荷,如地面试验。为了实现这些目标,可对生物形态探测器重新配置以实现特定功能。

5. 生物形态探测器任务示例:照相和选址

乘组在霍顿山口训练的首批探测目标之一是勘测和选择感兴趣的地点。在实际任务中,从轨道飞行器上可以获得广角空间覆盖图像,但空间分辨率只有 1 米。受限于分辨率,航天员们很难规划路径和描述样品返回点的特征。为了实现高分辨率覆盖,航天员们将在各飞行航线上部署仿生飞行器以拍摄地平线地形图。仿生飞行器装备有一套传感器和微型相机。若仿生飞行器识别出一个潜在的地外生物地点,就会停止飞行,然后部署一个小的科学实验,在洞悉了解地面之前,从仿生飞行器上释放一个烟火设备。同时,仿生飞行器继续绕着地外生物地点飞行,等待科学载荷发回数据。一旦收到数据,仿生飞行器会把结果传回住所,需要时则继续绕飞为乘组充当信标。乘组然后将开始他们的任务,并驱车前往由仿生飞行器识别出的地点。根据仿生飞行器发送的图像信息,乘组能够选择最近和最安全的路线,从而能够节省时间并降低风险。

6. 生物形态探测器任务示例:星面实验

在此训练任务中,航天员们会部署一些生物形态轨道飞行器到霍顿山口附近有地质或科学价值的区域。这些轨道飞行器携带有种子形态飞行器,每个飞行器都装备有小型星面探测器、化学实验载荷和一个微型相机。轨道飞行器将穿越研究地区,同时收集气象数据,例如用于选择释放枫树种子形态飞行器时间的天气模式。一旦识别出研究地点,种子形态飞行器将被释放并降落在地面,在那儿进行星面实验,这些实验可能包括微量元素测定。完成星面实验后,种子形态飞行器会把数据发送至轨道飞行器,再由轨道飞行器发送给航天员们,由航天员们进行数据分析。

7. 生物形态探测器任务示例:空中勘测

有的情况下,由轨道飞行器转发给航天员们的信息不够详细以评估大规模的地质或者气象数据。这种情况下,航天员们可释放一支装备有小型红外相机和星面探测器的小型仿生滑翔机中队。滑翔机将由航天员们预先设定轨道器提供的坐标,并被部署到优先目标。当滑翔机飞越目标区时,会给航天员们传回高分辨率的图像。在霍顿山口的训练场内,航天员们可以指挥滑翔机按不同的路径飞行,以便从不同的角度对地形拍照,若发现特定区域可获得有价值的数据,也可指挥滑翔机降落。

8. 生物形态探测器任务示例:局部和区域采样返回

该任务的目标是从潜在的地外生物地点和有地质研究价值的地点获取样品。为了完成任务,航天员们将部署一个载有科学实验仪器的自主漫游车,以及装备有一个微型相机和一个小型红外探测器的生物形态探测器编队。在目标地,漫游车将展开科学实验并将结果发送给航天员们。如果结果看起来有意义,航天员们将指挥生物形态探测器带回样品,而漫游车则继续执行任务。

9. 机械虾

航天员们在霍顿山口训练的另一个仿生应用内容是学习如何使用在澳大利亚被称为"Yabby"(见知识卡8.4)的普通淡水鳌虾仿生器。在墨尔本大学,科学家们和动物学家们认为火星乘组可以部署多组机器虾帮助寻找水,或者进行行星地壳化学分析等一些人类无法做或者危险的任务。

知识卡8.4　淡水鳌虾

得益于计算机网络建模(CNM)的发展,工程师们已成功把淡水鳌虾的尾巴运动应用于机器人的设计,使其能够穿越复杂困难地形。淡水鳌虾的分段尾巴就像一个铰链杆,能够改变为掌舵用的帆或者游泳用的奖,这启发科学家们在微型、轻质机器人的设计中使用相似系统,这种机器人装有多关节腿,能够实施很多复杂的火星探索任务。

生物形态探测器和机器虾是航天员们执行火星任务前要进行操作训练的各种机器人代表。然而,仿生学并不仅限于自主探测器。航天员们在模拟环境中(如霍顿)的训练也会利用地形练习其他仿生应用。

10. 壁虎仿生技术

由于神秘的黏附力(见图8.9),壁虎能够在墙面和天花板上爬行(见知识卡8.5)。这些技能也可以被在霍顿或者火星表面探测的航天员们使用!在练习生物形态探测器编队运行的间隙,航天员们可以穿着壁虎仿生服在模拟训练环境之外进行探险。

图8.9　壁虎可能是能爬墙航天服的关键

(图片来源:维基百科。)

源于壁虎技术的航天服使航天员能够在火星山谷壁上攀登，由于它能跨越任何障碍物，所以航天员能探测几乎所有地形，从而节省了走更保守"绕行"路线的时间。

知识卡 8.5　壁虎仿生技术

壁虎移动的关键在于多亏有壁虎脚趾头上均匀分布的抓紧条。这些被称为薄片（Lamellae）的条带，由称为刚毛（Setae）的特殊毛发样结构组成。在每个脚上，大约有 50 万个刚毛，每个刚毛都有被称为铲刀（Spatulae）的微小脚垫，它起抓紧的作用，使壁虎能够进行杂技式的移动。对适合制造人工铲刀和刚毛具有必要的机械拉伸强度、灵活性及可成形性材料的研究暗示，利用纳米制造技术，壁虎仿生技术的黏附力是可实现的目标。

使用在手、膝盖和脚上装有壁虎式黏合垫的壁虎仿生服，火星探险者不仅能够垂直攀爬，而且能够反向移动。

8.2.7　人工重力训练

"《火星移民任务》一书认为，对于向外星栖息地飞行来讲，人工重力系统是必要的：①尽可能减少骨丢失和其他失重效应；②减小火星空气动力制动期间的减速冲击；③使乘组在登陆火星时具备最佳能力。在"和平"号空间站飞行过数月的航天员们的经历表明，如果在飞往火星途中没有给乘组提供人工重力，那他们在到达火星时身体是虚弱的。这显然是大家不希望的结果。除非能研发出一套可将微重力环境中生理功能的降低减少至可接受水平的对抗措施，或者未来的飞船能够加速（然后减速）足够快到用数周而不是数月时间到达火星，否则旋转产生人工重力的飞行器是唯一真正的选择"

——《火星移民任务》

为了实现载人登陆火星任务目标，有必要减轻长期失重给人带来的风险。尽管有国际空间站长期在轨飞行任务经验，但还没有一个完全有效的对抗措施或综合对抗措施。实际上，目前采取的对抗措施还不能完全保护航天员在近地轨道飞行 3 个月以上的时间。因此，目前的对抗措施似乎不可能保护去火星探险的航天员，因为他们往返火星的时间超过 30 个月。

一个解决办法是人工重力（见图 8.10）。虽然听起来像科幻（电影《2001 太空漫游》的影迷们会记得人工重力是电影里"发现"号飞船的一个特征），人工重力是飞往火星旅途中可保持神经前庭、心血管和肌肉骨骼功能的一个对抗措施。

虽然它可能不是解决长期任务相关的所有风险的灵丹妙药,但人工重力有希望作为对抗生理功能失调效应的有效措施。

图 8.10　美国航空航天局的短臂离心机

(利用美国航空航天局的短臂离心机进行的研究可能是

实现未来飞船在轨人工重力的关键。图片来源:怀尔实验室。)

与很多科幻电影中描写的旋转飞行器不同,旋转的圆环既不可行也不必要。火星飞船上的人工重力系统将包含一个半径 3 米的离心机(见图 8.11)。航天员们躺在乘员舱或狭窄床样的部件上,该部件能移动靠近或远离短臂离心机(Short-Radius Centrifuge,SRC)的中轴点。当离心机绕着中轴点旋转时,离心力会产生沿着身体轴向(头足向)的重力负荷,大小与旋转速率成正比。在他们的人工重力训练中,航天员们要装备心脏监测传感器、脉搏测量仪、血压袖带和血氧计。他们还要戴上头戴式耳机和悬挂式麦克风,使能够与短臂离心机控制室通信。然后他们躺在短臂离心机的一个臂上,使用五点式安全带束缚在乘员舱

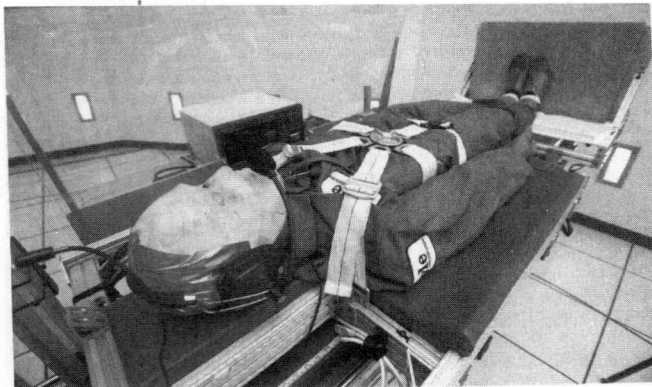

图 8.11　休斯敦怀尔实验室内的人体模型和离心机外形

(图片来源:怀尔实验室。)

内。航天员们正上方的平板屏幕可让他们在旋转中看电影(或许复习昆虫式飞行器如何工作的技术文档)。人工重力训练的目标是在飞行任务前让航天员们提前适应旋转环境,并确定最佳的离心机速度和时间。

在载人航天飞行时代,关于航天员选拔与训练我们已经了解了很多。然而,星际任务的独特挑战将会要求对本书描述的选拔与训练准则进行重新评价和修正。这些新的指南将使航天员们做好准备不仅要对抗空间恶劣环境,而且也要应对长期隔离和受限制带来的艰巨挑战。在适当的时候,由于这类任务独特的选拔与训练要求,可能要重新选拔培养新的一类航天员去执行多年期火星及以远任务。他们不再遭受一个多世纪前沙克尔顿的成员们所经受的低工资和严酷寒冷的痛苦,会和今天的航天员们一样享有荣誉和认可。

参考文献

[1] Hypometabolic Stasis in Astronauts for Long Term Space Flight. Insights from Fundamental Research 55th International Astronautical Congress of the International Astronautical Federation, the International Academy of Astronautics, and the International Institute of Space Law, Vancouver, British Columbia, October 4−8,2004.

[2] Wang, L. C. H. Time Patterns and Metabolic Rates of Natural Torpor in the Richardson's Ground Squirrel. Canadian Journal of Zoology,57, 149−155(1979).

[3] Millesi, E.; Prossinger, H.; Dittami, J. P.; Fieder, M. Hibernation Effects on Memory in European Ground Squirrles. Journal of Biological Rhythms,16,264−271(2001).

[4] Strijkstra, A. M. Good and Bad in the Hibernating Brain. Journal of the British Interplanetary Society,59,119−123(2006).

[5] Menon, C.; Ayre, M.; Ellery, A. Biomimetics：A New Approach for Space Systems Design. ESA Bulletin,125,20−26(2006).

[6] Menon, C.; Broschart, M.; Lan, N. Biomimetics and Robotics for Space Applications：Challenges and Emerging Technologies. IEEE International Conference on Biomimetic Robotics, Rome, Italy, April 10−14,2007.

[7] Mjolsness, E.; Tavormina, A. The Synergy of Biology, Intelligent Systems and Space Exploration. IEEE Intelligent Systems, 15(2),20−25(2000).

[8] Thakoor, S.; Miralles, C.; Martin, T.; Kahn,R.; Zurek, R. Cooperative Mission Concepts Using Biomorphic Explorers. Jet Propulsion Laboratory, 4800 Oak Grove Drive, Pasadena, CA 91109,Lunar and Planetary Science XXX(1999).

[9] Scott, G. P.; Ellery, A. Biomimicry as Applied to Space Robotics with Specific Reference to the Martian Environment. TAROS(2004).

[10] Thakoor, S. 1st NASA/JPL Workshop on Biomorphic Explorers for Future Missions. NASA's

Jet Propulsion Laboratory Auditorium. 4800 Oak Grove Drivem, Pasadena, CA 911109, August 19-20,1998.

[11] Hirata, C. A New Plan for Sending Humans to Mars: The Mars Society Mission. California Institute of Technology(1999).

[12] Clement, G. ; Pavy-Le Traon, A. Centrifugation as a Countermeasure during Actual and Simulated Spaceflight: A Review. Eur. J. Appl. Physiol. , 92,235-248(2004).

第 III 部分

发射准备

前一部分描述了训练中的各种挑战,最后一部分旨在说明航天员发射前 10 周的准备工作。在详述具体发射准备工作前,有必要先介绍运送航天员飞向空间轨道的新型运载火箭和航天器,并向确保任务实现的幕后工作团队致谢。

航天飞机之后的新一代航天员将搭乘"猎户座"飞船(让人联想到"阿波罗"号飞船飞往国际空间站、月球、甚至火星。数以百计的工作人员在辛勤工作,帮助新航天员们完成他们的首次太空之旅,全力保证任务成功。第 9 章首先向读者介绍了美国航空航天局新系列的运载火箭和航天器,然后介绍了发射准备中的关键岗位。第 10 章描述了倒计时 10 周内的射前准备工作。在此,读者们将会看到航天员们的工作日程随着一个接一个的模拟任务而变得日益忙碌,同时乘组也满怀新的期待盼望着日益临近的发射。最后,在第 11 章,讲述了从发射前几天开始,到航天员的隔离检疫,以及包括发射倒计时在内的一系列事件,这将航天员毕生梦想的实现最终推向了高潮。

美国航空航天局致力于推进维持国际空间站运营、重返月球并最终将人类送往火星这一雄心勃勃计划的实施,而该蓝图的实现依赖于新型的运载火箭和航天器,包括"猎户座"飞船及其运载火箭"阿瑞斯"I型。最初,"阿瑞斯"I型将替代航天飞机将航天员运往国际空间站。对于登月和更远的任务来说,美国航空航天局规划需要另一款运载火箭——升级版的"阿瑞斯"I型,即"阿瑞斯"V型。该火箭是大推力无人运载火箭,预计 2018 年进行测试,能够提供所需的大推力将航天器送往月球,如月面着陆器等。

9.1 运载火箭

9.1.1 "阿瑞斯"I型

美国航空航天局航天飞机之后的运载火箭是"阿瑞斯"I型(见图 9.1),它采用直列两级火箭结构,顶部搭载"猎户座"飞船乘员舱及其服务舱,还有发射中止系统(Launch Abort System,LAS)。该火箭主任务是运送 4~6 名航天员到国际空间站,除此之外,"阿瑞斯"I型也可为近地轨道上的航天员运送多达 25 吨的物资补给,或者运送有效载荷至地球轨道供飞往月球和火星的航天器在轨取用。

1. 第一级

"阿瑞斯"I型的第一级是一个独立的、由五段组成的可重复使用的固体火箭助推器(Solid Rocket Booster, SRB),技术源于航天飞机计划。像航天飞机的固体火箭助推器一样,"阿瑞斯"改进型助推器使用了一种特殊配方的固体推进剂,称为聚丁二烯苯丙烯酮(PBAN)。第一级最高段的上面是前向适配器,称为截头锥(Frustrum,见图 9.1),连接着火箭第一级和第二级。在上升段,助推分离器点火实现两级分离。在发射时,第一级推力火箭推动航天器飞向近地轨道,燃烧 126 秒后可重复使用的助推器分离,接着第二级 J-2X 发动机(见图 9.2)点火,将航天器送入圆形轨道。

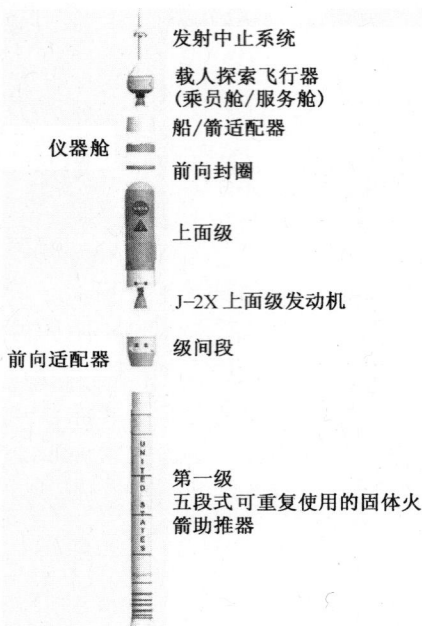

仪器舱 ——— 发射中止系统

载人探索飞行器
（乘员舱/服务舱）

船/箭适配器

前向封圈

上面级

J-2X 上面级发动机

前向适配器 ——— 级间段

第一级
五段式可重复使用的固体火
箭助推器

图 9.1 "阿瑞斯"Ⅰ型火箭分解图

（图片来源：美国航空航天局。）

2. 上面级

"阿瑞斯"Ⅰ型的上面级（即第二级）由使用液氧和液氢燃料的 J-2X 发动机提供推力。起飞大约 133 秒之后，火箭二级与一级分离，J-2X 发动机点火工作。J-2X 发动机工作大约 465 秒，燃烧超过 137000 千克推进剂，在到达 133.5 千米高度时关机。在 J-2X 发动机即将停止运行时，"猎户座"飞船与二级火箭分离，同时"猎户座"飞船的发动机点火将飞船送入近地轨道。二级火箭与"猎户座"飞船分离后将再入地球大气层并最终溅落到印度洋海域。

图 9.2 J-2X 发动机

（图片来源：美国航空航天局。）

9.1.2　"阿瑞斯"V 型

美国航空航天局"星座"计划的目标包括送航天员重返月球,进而登陆火星。实现这些任务需要"阿瑞斯"V 型火箭,美国航空航天局的新型货运运载火箭。它主要用来运送大型的硬件如月面着陆舱和月球基地建设物资等。"阿瑞斯"V 型(见图 9.3)是两级、垂直组装的运载火箭,具有运送 188 吨载荷至近地轨道和运送 71 吨载荷至月球轨道的能力。

1. 第一级和芯级

为了发射入轨,"阿瑞斯"V 型火箭第一级依靠 2 个"5.5 段"固体火箭助推器,该助推器技术源于航天飞机,和用于"阿瑞斯"I 型的固体火箭助推器类似。2 个固体火箭助推器中间夹着一个使用液体燃料的中心助推单元,称为芯级(Core Stage)。芯级采用的技术也源于航天飞机,携带液氧和液氢燃料供应 6 个 RS-68B 火箭发动机。

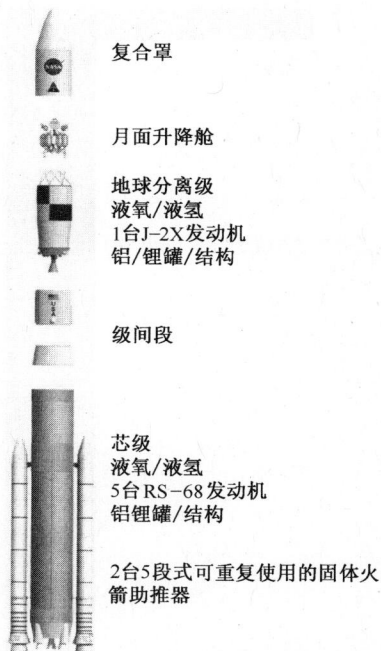

复合罩

月面升降舱

地球分离级
液氧/液氢
1台J-2X发动机
铝/锂罐/结构

级间段

芯级
液氧/液氢
5台RS-68发动机
铝锂罐/结构

2台5段式可重复使用的固体火箭助推器

图 9.3　"阿瑞斯"V 型火箭分解图

(图片来源:美国航空航天局。)

2. 级间段和飞离级

芯级顶部是级间段,内含助推器分离器。级间段连接芯级和飞离地球级。飞离地球级(Earth Departure Stage,EDS)由 J-2X 发动机提供推力,使用的燃料是液氧/液氢。飞离地球级上方装有整流罩,用于保护将航天员送到月面的"牵牛星"月面着陆器(见图9.4)和将航天员送回月球轨道的"牵牛星"上升级。

图9.4 月面着陆器/"牵牛星"月面着陆器
(图片来源:美国航空航天局。)

3. 运行方案

固体火箭助推器和芯级将"阿瑞斯"Ⅴ型送入近地轨道。在与芯级分离后,飞离地球级的J-2X发动机提供动力将航天器送入圆形轨道。随后飞离地球级防护罩分离,为月面着陆器与"猎户座"飞船交会对接做准备。飞离地球级到达预定轨道后不久,"阿瑞斯"Ⅰ型把"猎户座"飞船送入太空,并与带有月面着陆器的飞离级对接。对接后,飞离地球级的J-2X发动机再次点火进入月球转移轨道(Trans-Lunar Insertion,TLI),之后飞离地球级分离。

9.2 航天器

9.2.1 "猎户座"飞船

"猎户座"飞船(见图9.5)是未来运送航天员到达国际空间站、月球,最终登陆火星的新型航天器。它和"阿波罗"号飞船一样采用圆锥构型,但宽度是"阿波罗"号飞船的1.5倍(5米),内部居住空间是"阿波罗"号飞船的2倍多,使它拥有运送6名航天员到国际空间站或运送4名航天员到月球的能力。"猎户座"飞船以采用大量尖端技术著称,如自动对接技术和能在月球轨道自主停靠长达6个月。得益于基于波音787航空电子设备的双倍容错技术,"猎户座"飞船具有在两台计算机失效的情况下仍能返回地球的能力。"猎户座"飞船安装在"阿瑞斯"Ⅰ型顶部,可带来额外的安全保障,这意味着飞船不仅能免受坠落碎片损害,而且有利于发射中止系统将飞船带到安全区域。

图 9.5　"猎户座"飞船

（图片来源：美国航空航天局。）

1. 发射中止系统：发射

发射中止系统（见图 9.6）像手套一样贴合在"猎户座"飞船顶部，用于应对任务剖面中最严重的故障模式：起飞事故和最大 Q 值（最大 Q 值是最大动态压力值或者是作用于飞船表面的空气动力最大值。）事故。该事故发生在起飞后 1 分钟左右，此时航天器正以马赫数为 2（2124 千米/小时）的速度飞行在 21 千米的高度。

发射中止系统的核心是固体燃料火箭，其顶端有四个倾斜朝外的反向流喷管。一旦发射平台发生紧急火灾，火箭自动点火 2 秒钟，产生 15G 的冲击，以大约 1000 千米/小时的速度将"猎户座"飞船带离"阿瑞斯"Ⅰ型火箭的顶端，并到达约 2 千米的高度。一旦脱离危险区域，在 8 个姿态推进器和 2 个可调式方向舵作用下，"猎户座"飞船飞向发射平台东部，然后展开降落伞溅落海上。

图 9.6　发射中止系统

（图片来源：美国航空航天局。）

2. 发射中止系统：最大 Q 值期间

任务剖面中确保最大 Q 值出现期间航天员的安全更具挑战，这是因为需考虑空气动力的阻力作用和冲击波导致的在飞船和其后的服务舱间出现的吸力作用。然而，工程师们相信中止系统足以把飞船带离危险区域，之后"猎户座"飞船自行调整并下降，然后在 8000 米高度展开降落伞。

3. 热防护系统

"猎户座"飞船设计的另一个重要部分是热防护系统（Thermal Protection System，TPS）。再入大气层时，航天器超声速冲击波前端的空气被压缩会产生大量热量。航天飞机的再入速度达到 27800 千米/小时（马赫数大约为 23），而"猎户座"飞船从月球返回时的再入速度将高达 38600 千米/小时（马赫数大约为31.5！），大约比航天飞机快 40%。在如此高的速度下，热量积累率比航天飞机高 5 倍，温度将高达 2650℃！对"猎户座"飞船热防护系统预先研发项目的工程师来说，设计热防护罩是巨大挑战。但在对 8 种候选材料评估后，选定了一种烧蚀性绝热系统。航天器防护罩由硅纤维制成，具有玻璃纤维–酚醛树脂复合材料制成的蜂窝结构（Fiberglass-Phenolic Honeycomb），里面充满了酚醛环氧树脂（Epoxy-Novalac Resin）。航天器防护罩被直接加工到"猎户座"飞船热防护系统的子结构上，在飞船总装时成为飞船的附加部分。烧蚀性绝热系统的使用，意味着部分热防护系统要被烧蚀掉，这借鉴了"阿波罗"计划的方法，当时整个返回舱完全覆盖了可烧蚀材料。

4. 重复使用性

最初设计航天飞机每架可以完成 100 次飞行，美国航空航天局预期的飞行频率是每年 60 次任务，但是这些设计和规划并没有实现。航天飞机一年内的飞行任务从来没有超过 9 次，经济性无从谈起。尽管"猎户座"飞船也将可重复使用，但其可重复使用率将低于航天飞机。虽然飞船主舱设计成可重复使用（5~10 次），但服务舱、热防护罩和发射中止系统每次任务后都必须更换。

9.2.2 "牵牛星"月面着陆器

"牵牛星"月面着陆器能够搭载 4 名航天员登陆月球，能为为期一周的初期月面探测任务提供生命保障和基地，能够携带飞行乘组返回"猎户座"飞船。"猎户座"飞船将运送乘组返回地球。"牵牛星"由"阿瑞斯"V 型火箭送入近地轨道，并与"猎户座"飞船对接。月面着陆器主要由三部分组成：液氧/液氢驱动的下降级、使用自燃燃料的上升级和液氧/液氢驱动的下降舱。该舱可为主动下降至月面提供推力，同时还作为月面着陆平台以及上升舱的发射平台。

9.3　任务剖面

在发射后的 2.5 分钟内,固体火箭助推器推动航天器以马赫数为 5.7 的速度到达大约 57 千米的高度。在推进剂消耗完后,固体火箭助推器分离,第二级的 J-2X 发动机点火,推动"猎户座"飞船到达约 130 千米高度。然后,二级分离,"猎户座"飞船服务舱推进系统接力将"猎户座"飞船送达 297 千米的圆形轨道。进入近地轨道后,"猎户座"飞船及其服务舱将与国际空间站或"牵牛星"月面着陆器交会对接,而飞离地球级将运送飞行乘组前往月球。一旦进入月球轨道后,航天员将搭乘"牵牛星"月面着陆器登陆月球表面,而"猎户座"载人飞船能继续在月球轨道运行长达 210 天,等待飞行乘组的返回。

飞行乘组在完成月面停留任务后,搭乘"牵牛星"的上升舱返回月球轨道,并与"猎户座"飞船对接。服务舱主发动机提供推力使其进入地球转移轨道(TEI),确保"猎户座"载人飞船能脱离月球轨道并返回地球。服务舱一直为乘员舱提供保障,直到再入地球大气层两舱分离之际。"猎户座"载人飞船再入地球大气层,并利用降落伞将飞行乘组送回地球。

"猎户座"/"阿瑞斯"Ⅰ 型/"阿瑞斯"Ⅴ 型的组合被美国航空航天局前任局长迈克尔·格里芬(Michael Griffin)称为"阿波罗"的衍生物。尽管"猎户座"和"阿瑞斯"Ⅰ 在特性上相对于"阿波罗"号飞船和"土星"Ⅴ 号运载火箭有很多改进,很多人仍然对返回月球没有采用更多先进的技术感到失望,但是鉴于美国航空航天局在经费和进度等方面的约束条件,"猎户座"载人飞船/"阿瑞斯"Ⅰ 型组合仍然是最优方案。更令人关注的是,航天飞机退役后到"猎户座"载人飞船/"阿瑞斯"Ⅰ 型开始服役期间有近 5 年空白期(也有可能会减少,如果像太空探索

图 9.7　太空探索技术公司的"龙"飞船

技术公司(SpaceX)这样的商业公司改造飞船供载人使用,见图9.7),在此期间新一批的航天员只能搭乘俄罗斯的"联盟"号飞船。

"联盟"号飞船

"联盟"号飞船(见图9.8)于2000年11月首次运送飞行乘组到达国际空间站。从那时起,国际空间站上至少停靠有一艘"联盟"号飞船作为救生船,在应急情况下供乘组返回地球。在2003年2月"哥伦比亚"号(Columbia)失事后,"联盟"号飞船就成了运送飞行乘组往返国际空间站的工具。

图9.8 俄罗斯"联盟"号飞船
(在航天飞机退役后,美国航天员将搭乘俄罗斯"联盟"号飞船,
每人花费高达伍仟壹佰万美元! 图片来源:美国航空航天局。)

1. 轨道舱

飞船的轨道舱在自主飞行期间供三人飞行乘组使用。它的特点是对接机构的舱门和对接天线均安装在前端部。对接机构用于与国际空间站进行对接,乘组通过对接舱门进入空间站。对接天线用于自动对接系统实现飞船与空间站的对接。

2. 仪器/推进舱

该舱段由中间区、仪器区、推进区组成。中间区与返回舱连接,仪器区装有氧气储存罐,姿态控制推进器,通信和控制设备,以及"联盟"号飞船的主制导、导航与控制系统和计算系统。推进区安装有主热控制系统和散热器、推进系统、电池系统、太阳能电池阵、散热器,以及与"联盟"号飞船运载火箭之间的结构连接件。在最后的离轨机动完成后,仪器/推进舱与返回舱分离并在大气层中烧毁。

3. 返回舱

轨道舱的另一端通过一个密封舱门与返回舱连接。在离轨机动后,轨道舱与返回舱分离并在大气层烧毁。由于返回舱是航天员在发射、再入和着陆阶段乘坐的舱段,因此飞船的控制和显示器均安装在此。该舱也装有主份和备份的降落伞,以及着陆反推火箭。

4. 运行方案

"联盟"号飞船从位于哈萨克斯坦(Kazakhstan)的拜科努尔发射场由"联盟"火箭发射升空。"联盟"号飞船入轨后,它将耗时 2 天"追上"国际空间站,在最后的交会对接阶段前,飞行乘组需要穿上压力服,并监视自动对接过程。虽然交会对接过程是自动的,但飞行乘组也具有手动控制交会对接的能力。对接完成后,飞行乘组需平衡"联盟"号飞船与国际空间站的气压,然后打开舱门。

9.4　发射团队

发射期间的神经中枢是美国航空航天局的发射控制中心(Launch Control Center,LCC),它位于肯尼迪航天中心的一个四层建筑内,用于监视 39 号发射场区的发射。发射控制中心位于飞行器总装大楼的东南角,包括遥测、跟踪、测量设备,自动发射处理系统(Launch Processing System,LPS)和四个发射点火室。正是在发射点火室里(Firing Room,见知识卡 9.1),发射团队(见表 9.1)将做出开启新航天员首次太空飞行的关键决策。在"呼叫各站点"结束后,发射团队向他们各自的计算机/通讯控制台报告最终倒计时情况,共同承担载人航天发射任务的责任,共同见证这一激动人心的时刻。

知识卡 9.1　发射点火室

美国航空航天局改造了发射控制中心的部分设施,为未来"星座"计划的发射任务做准备。例如,重新设计后发射控制中心仅需使用 50 名发射控制人员,相比之下航天飞机发射需要将近 200 人。同样,1 号发射点火室也已移交给"星座"计划使用,并经过改造可适应"阿瑞斯"火箭和"猎户座"飞船要求。1 号发射点火室见证过航天飞机的首次发射,现在它被命名为杨·科瑞鹏发射点火室,以纪念首次航天飞机飞行指令长约翰·杨和驾驶员罗伯特·科瑞鹏做出的贡献。

表9.1　主发射点火室岗位

岗位名称	缩写	岗位描述
发射指挥 （Launch Director）	LD	发射团队的领导,在团队成员表决后负责做出发射/不发射的决策
流程主管 （Flow Director）	FD	负责火箭发射准备,在发射控制中心,提供技术咨询
美国航空航天局测试主管 （NASA Test Director）	NTD	负责发射前的所有测试,包括飞行乘组、航天器和地面支持设备的检查测试。负责加注后发射塔架上的人员安全。直接向发射指挥报告
测试调度 （Test Conductor）	TC	负责发射前检查和航天器测试。负责发射点火室航天器系统监测工程师的管理工作
发射处理系统协调员 （Launch Processing System Coordinator）	LPS	监视和控制航天器组装、检查和发射的大部分操作
测试支持管理员 （Support Test Manager）	STM	管理和整合发射倒计时过程中涉及的地面支持资源
安全控制台协调员 （Safety Console Coordinator）	SAFETY（SCC）	通过检查安全措施已到位来确保发射倒计时期间所有可能影响人员和飞行产品安全的地面安全准则得到了遵守
着陆与回收主管 （Landing and Recovery Director）	LRD	管理肯尼迪中心保障着陆作业和固体火箭助推器回收的资产。应急着陆时,负责与国防部载人航天飞行支持部门及约翰逊航天中心着陆支持官员的协调
场区作业主管 （Superintendent of Range Operations）	SRO	确保靶场空域和溅落区域做好了发射准备,监测发射场附近的天气情况
地面发射时序器工程师（Ground Launch Sequencer Engineer）	GLSE	负责监测地面自动发射时序器系统的运行情况,该系统控制从 T-9 分钟开始直到发射的倒计时。在 T-9 分至 T-31 秒期间,必要时他们可以人工控制倒计时

9.4.1　发射指挥

发射指挥是发射团队的领导。很多人以为发射指挥的工作就是发令让火箭发射升空,但是实际上并非如此。发射指挥的工作并不是发射火箭,而是在出现问题或者感觉不正常的情况下叫停发射,即使在发射团队的其他成员都认为可以发射的时候。归根结底,发射指挥的职责是确保在出现美国航空航天局委婉地称之为"偏离基准事件"(Off-Nominal Event)时,暂不发射火箭。有时,发射指挥会因为天气原因取消发射;有时也可能因为一个很小的机械故障,但是不论什么问题,发射指挥拥有最终的发言权。责任如此重大,发射团队的领导们非常冷静并具有一种天然的特质,这一点也不奇怪。这一特质能够让他们在其他人兴奋得"冠心病"快要发作时仍然能够保持镇定。在倒计时阶段,发射指挥成为焦点,他的声音将直播给世界各地的数百万人。如此巨大的舞台放大了其责任带来的压力。

为了确保发射日倒计时进展顺利,发射指挥及其团队成员—测试主管、控制人员、工程师们在发射日前至少要进行两次倒计时模拟演练。在倒计时演练过程中加入 20~30 个模拟故障,有意让团队犯错误。倒计时模拟演练的训练理念是"最好的学习方式是犯错误—改正错误—继续前进"。该理念经过了 100 多次航天飞机发射试验验证,这也是为什么发射控制中心能在发射日"高压锅"般的压力环境中保持平静的原因。

除了监督他的团队之外,发射指挥必须掌握运载火箭所有系统的基础知识,熟知轨道动力学,掌握天气和中止条件。除了他/她的发射任务,发射指挥还担任快速反应团队(Rapid Response Team,RRT)的负责人,在发射和着陆期间发生灾难性事件时,负责协调美国航空航天局的应急网络人员。这份工作如此复杂,以至于在发射控制中心之外,极少有人真正明白发射指挥到底是做什么的。尽管有压力,但对于发射指挥来说,将六名飞行乘组航天员和数以百万磅的物资通过火箭的巨大推力发射入轨,这是世上最好的职业,尽管航天员们可能不这么认为!

9.4.2 飞行任务控制

尽管发射控制中心负责发射工作,但在航天器脱离了发射塔架(大约 T+7 秒)后,飞行主管(Flight Dirctor)将控制权移交给约翰逊航天中心的飞行任务控制中心。因为本书的最后一章将介绍航天员从发射倒计时直至进入近地轨道的过程,先了解飞行任务控制中心的作用会有所帮助。

飞行任务控制中心是一个没有窗户的三层楼建筑物(30 号大楼),它有 2 个飞行控制室(Flight Control Rooms,FCRs,通常发音成"fickers"),在此实施载人航天飞行管理。在飞行控制室,飞行控制团队人员一天 8 小时三班倒,指导和监督飞行的方方面面。其中最突出的指挥和控制岗位见表 9.2。

表 9.2 关键任务控制岗位

岗位名称	缩写	岗位描述
飞行主管	FD	飞行控制团队的领导,负责任务运行,负责安全和飞行控制相关的决策
飞行通信联络员 (Spacecraft Communicator)	CapCom	飞行任务控制中心和航天器之间的主要联络人
飞行动力学专员 (Flight Dynamics Officer)	FDO	同导航专员一起,制定航天器机动计划,追踪航天器飞行轨迹
导航专员 (Guidance Officer)	GDO	负责监视航天器导航和制导计算机软件
飞行乘组医生 (Flight Surgeon)	Surgeon	监视飞行乘组活动,必要时为飞行乘组提供医疗咨询,向飞行主管通报飞行乘组健康状况

发射控制中心和飞行任务控制中心的工作人员是幕后巨大支持网的代表,整个支持网络远不止囿于休斯敦。没有庞大的支持团队,任何任务都不可能成功——没有人比为发射开始做最后准备的航天员更明白这个事实了。

第10章 发射前十周

就像出类拔萃的运动员会进行赛前"减量"措施以达到最佳状态一样,发射前还有几周的时间,航天员的训练量正接近峰值水平。随着发射的即将到来,航天员的准备工作也越来越紧张,因为他们的生活已经被模拟器和发射前最终医学检查所占据。除了巩固飞行乘组的操作熟练程度外,模拟器也将乘组带入"飞行心态模式",使乘组越来越专注于最终考验——飞向太空!

10.1 熟能生巧

当发射日益临近,航天员把越来越多的时间花在位于航天器实物模型设施(SVMF)的固定基模拟器和运动基模拟器上,进行飞行任务彩排。固定基模拟器复现了"猎户座"飞船座舱,主要用于在轨运行操作训练。航天员们坐在固定基模拟器中,眼前呈现的是逼真的地球和太空视景;为了增加真实感,模拟器的各系统运行就像在真实的飞船座舱中一样(甚至连产生的噪声都和在轨一样!)。与固定基模拟器不同,运动基模拟器主要用于上升和再入阶段操作技能训练;它建造在液压支撑杆上,为乘组精确模拟发射和着陆过程。在模拟器训练初期,航天员们只需要进行独立模拟训练。独立模拟训练通常持续 5~6 小时,在教员的指导下乘组演练任务中自己负责的部分。一旦航天员充分掌握了任务某个阶段的相关知识后,教员会在任务模拟中故意引入干扰以"帮助"航天员。这些预先设定的干扰主要是故障,例如飞船离轨发动机点火前故障,或者座舱失压等。随着乘组能力的提高,独立模拟训练的难度也会逐渐增加,此时乘组不仅要与指定的演练督导员(Simulation Supervisor)互动,而且还会与飞控人员及其他航天员互动。一旦乘组完成了独立模拟训练阶段的训练之后,他们接着进行综合模拟演练(Integrated Simulations,美国航空航天局也称之为 Integrated Sims),本章将以此作为开始。但在介绍综合模拟演练之前,有必要介绍一下承担航天飞行技能训练的教员。

10.2 模拟突发险情

在航天飞行训练和设施操作训练（Spaceflight Training and Facility Operations,STFO）时,教员（见知识卡 10.1）既训练飞行乘组也训练地面飞行控制人员。也就是说,包含飞行乘组和地面飞行控制人员的综合模拟演练是由高素质的教员骨干精心安排实施的。教员的工作是设定全部种类的复杂故障工况,确保系统故障源源不断,目的就是要让受训人员不易通过! 为了实现这一目的,航天飞行训练和设施操作训练团队要和座舱模拟器内的乘组以及在飞行任务控制中心的人员密切合作。在模拟器内部,主显示屏（Primary Flight Displays, PFDs）会给航天员呈现电脑生成的、实际任务中会出现的图像;同时,飞行控制人员在飞行任务控制中心的工作站上看数据,就像飞行任务期间他们工作时那样。通过训练飞行控制人员和乘组对数据做出和实际飞行任务一样的反应,训练聚焦在各系统的专业知识与技能以及地面工作人员与在轨乘组之间的通信和协调能力。

▶ - - - - - - - - - -

知识卡 10.1 模拟训练教员的职责

　　模拟训练组由 4~7 名教员组成,在任务模拟器旁边的房间工作。任务模拟器组监督航天员行为,并在假定的场景中引入故障。

　　演练督导带领由 4~7 名教员组成的小组,他们在飞行任务控制中心的模拟控制区（SCA）工作。模拟控制区小组负责生成相应场景,和任务模拟器组一起工作以确保场景引入正确,并监督飞行控制组的决策和行动。

　　对于涉及空间站的模拟训练来说,站务训练负责人带领一个教员小组在空间站训练设施（SSTF）旁边的教员站工作。空间站训练设施小组负责生成场景并监督乘组和空间站飞行控制人员的行为,并在假定场景中引入故障。

　　模拟训练组组长、演练督导和站务训练负责人在模拟训练期间通过语音回路沟通,确保每个人都知晓当前情景并使各小组专注于总体目标。

在进行综合模拟演练之前,演练督导和模拟控制区小组一起生成一天的活动场景,这工作有点像写脚本。写完脚本后,演练督导将其纳入用于具体模拟的脚本数据包中。随后,脚本数据包分发给所有团队,例如飞行任务控制中心。综合模拟演练除了比独立模拟训练内容更加全面之外,还有其他明显的不同。例如在独立模拟训练中,飞行任务控制中心不参与,由航天器任务模拟器小组生成场景,实施时扮演飞行任务控制中心的角色。相比之下,在综合模拟演练中,模拟控制区小组生成场景,由航天器模拟训练小组实现场景中的故障,而模拟控制区小组则观察并评估飞行控制小组的反应。

作为综合模拟演练的负责人,演练督导不仅要与飞行控制小组联系,还要与所有的通信和网络系统联系。他也有权临时引入故障情境,例如切断某个通信链路或者设定雷达故障。然而,尽管考验航天员和给航天员"使绊"听起来非常有趣,但模拟训练教员们确实非常仔细的安排场景,确保每个人都想的更全面。例如,故障并不是随意引入到时间表,而只有为了激发小组解决问题的技能才加入。有些故障可能对任何系统没有任何影响,但教员们常常引入会同时影响多个系统的故障,这些故障会打乱时间安排,需要乘组密切协作以应对。虽然教员们在模拟中似乎非常"狡诈",但他们的目的只是以乘组意想不到的新奇方式测试乘组航天器系统的操作技能和知识。通过锻炼乘组的故障处置能力,模拟训练/演练教员不仅确保乘组专注于任务所需的技能和知识,还要训练乘组纠正和/或识别在轨系统偏离基准状态。为了达到这个目标,模拟训练/演练教员们必须"打出有欺骗性的曲线球",这是大多数模拟演练比实际飞行任务紧张的原因。疯狂背后的理念是明确的:每个人的最终目标是一次完美的飞行任务,而达到这个目标最好的方法不是通过"完美的"模拟来实现的。

10.3　马拉松式的综合模拟演练

马拉松式的综合模拟演练(一次可能持续 36 小时!)通常在发射前 10 周内择机进行。对乘组来说,演练是对耐力、技能和熟练程度的考验。在发射前最后几周时间里的训练是最折磨人的。每周的工作时间达到 60 小时甚至更多,航天员训练的日程安排一个接一个,包括模拟演练、出舱活动准备、程序训练和简要汇报等等。因为任务迅速占据了乘组的全部时间,与家人共度的愉快时间成为了遥远的记忆,日常事务性工作也抛于脑后,午休时间也由半小时缩减为 10 分钟(甚至更少!)。

在综合模拟演练阶段,乘组的时间主要投入在航天器任务模拟器和空间站训练设施中。除了航天员所在的模拟器之外,空间站飞行控制室、模拟演练控制室、以及其他"幕后房间"也都要参加彩排。航天员们在模拟器中度过了演练的每一个小时,而飞行控制人员和模拟演练教员按时轮换。第一个 24 小时要完成任务头两天的工作,之后国际空间站飞行控制人员加入模拟演练,进行交会对接任务模拟。显然,需要数周时间精心准备一个持续 36 小时的演练。与独立模拟训练相同,马拉松式的综合模拟演练中有许多精心选择的偏差、故障以及灾难等,以测试乘组和飞行控制人员。然而,脚本只是指南,必要时操作几次键盘或鼠标就可进行修改。从演练开始到结束,当教员们引入故障时,乘组按故障处置程序开展工作。演练结束后,航天员们要总结经验教训,并继续进行他们忙碌的日程。

10.4　飞行乘组体检

发射前30天,航天员要进行医学检查,通常称为射前30天的医学检查。检查项目(见表10.1)是常规体格检查,时间通常不超过60分钟。作为航天员必须进行的医学检查,射前30天检查获得的数据要输入美国航空航天局的航天员健康纵向研究数据库(NASA's Longitudinal Study of Astronaut Health,LSAH),正在进行中的该项研究开始于1992年,用于检查航天飞行对航天员长期的生理影响。

表10.1　长期飞行乘组射前30天体检项目

检查项目	项 目 描 述
生命体征	· 卧位、坐位和站位的脉搏和血压 · 体温 · 呼吸频率 · 身高和体重
头部和面部	· 鼻黏膜 · 鼻窦、上颌骨、前额
嘴部和喉咙	· 常规检查
耳部	· 外耳道、鼓膜 · 咽鼓管充气检查
眼部	· 一般外观 · 目镜检查 · 瞳孔反应 · 眼底检查
颈部	· 甲状腺 · 血管检查 · 运动检查
胸部和肺部	· 心血管检查 · 心脏听诊 · 颈动脉和颈静脉血流 · 外周脉搏

（续）

检查项目	项 目 描 述
腹部	· 听诊 · 主要器官悸动检查、小肠疝气检查
直肠和肛门	· 男性前列腺检查 · 直肠检查 · 便血检查
泌尿系统	· 外观检查 · 常规检查 · 疝气检查
乳房检查	
骨盆检查	· 对乘组女性成员进行宫颈抹片检查
手和脚	· 活动范围检查 · 1-5 级力量评估
脊柱	· 一般外观和可动性
皮肤	· 淋巴系统 · 身体标志识别
神经	· 基本功能和步态检查

10.5　任务前打包

为 6 个月的国际空间站任务打包与为外出露营或度假行李打包并没有太大的不同。航天员要打包换洗的衣服、牙膏、洗发水、香体剂、音乐、甚至 i-Pod 等物品。帮助航天员打包的是飞行装备处理助理（Filght Equipment Processing Associate，FEPA），他是联合太空联盟的雇员，他的工作是将乘组的所有衣服、喜爱物品、卫生用品、个人物品等仔细地、节省空间地打包。随着发射日临近，对每周工作长达 60 小时的航天员来说，飞行装备处理助理的到来犹如天助。尽管看上去为国际空间站乘员打包不是一件特别费时的工作，但是每一件进入太空的物品都要符合错综复杂的飞行处理检查单和要求。有专门的乘组物品可选清单（Crew Options List，COL）协助乘组确定携带的物品。清单上所列物品包括手表、手帕、坐垫、安全帽等。这些物品一般放置在航天器上的航天员个人物品柜中。航天员带上航天器的物品种类繁多，有他们大学校名的旗帜、衬衫、喜欢的书籍、下载了个人喜爱音乐的 i-Pod（见表 10.2）以及家人和朋友赠送的礼品等物品。

　　乘组航天员每人还可以携带一个个人喜爱物品包（Personal Preference Kit，PPK），最多可携带 20 件个人物品，但这些物品的体积必须非常小，因为这个包比一个网球的体积大不了多少！对于较大物品来说，每次任务都会携带一个官方飞行物品包（Official Filght Kit，OFK），包中的物品得到了美国航空航天局官方的认可。官方飞行物品包中的物品通常是应外国政府或专业机构要求携带的物品（见表 10.3），包括其他国家的国旗、臂章、以及回来后颁发给某个组织受奖人的特殊奖品等。为了确保乘组的衣服和个人物品得到妥善处理，飞行装备处理助理需要同航天员代表及美国工程师进行全面的沟通协调。当所有需携带的物品选定并清点完毕后，飞行装备处理助理会在发射前 1 个月安排一次物品展示，给乘组提供了最后一个机会，使他们了解携带的衣服和物品的打包情况，并可做最后的更换。

表 10.2　罗伯特·瑟斯克的音乐清单（2009 年，国际空间站第 20/21 考察组）

艺术家	专辑
杰克逊·布朗（Jackson Browne）	空虚的奔跑（Running on Empty）
滚石（Rolling stones）	滚石之最（The Best of the Rolling Stones）
范·莫里森（Van Morrison）	莫里森集锦（The Best of Van Morrison）
阿兰·帕森（Alan Parsons）	集锦（Collection）
收音机头（Radiohead，乐队名）	OK 计算机（OK Computer）
甲壳虫（The Beatles）	修道院之路（Abbey Road）
丹尼·科利尔（Diana Krall）	在巴黎（Live in Paris）
珍妮佛·花纳斯（Jennifer Warnes）	著名的蓝色雨衣（Famous Blue Raincoat）
乔尼·米歇尔（Joni Mitchell）	蓝色（Blue）
菲丝特（Feist）	低处生活（Let it Die）
威尔·尼尔森（willie Nelson）	星尘（Stardust）
维瓦尔第（Vivaldi）	四季（The Four Seasons）
霍伊斯特（Holst）	行星（The Planets）

表 10.3　罗伯特·瑟斯克的官方飞行物品包清单
（2009 年，国际空间站第 20/21 考察组）

所属机构	物品
国家研究委员会（National Reseasrch Council ）	国家研究委员会铝制 3D 徽章复制品
蒙特利尔神经学研究所（Montreal Neurologucal Institute）	4 号彭菲尔德（Penfield）解剖器。它是常用的神经外科器械。作为一名医生，鲍勃亲自把该解剖器作为医学发明的象征带入太空
首相奖章（Prime Minister's Award）	教学卓越奖章（Teaching Excellence Award Pin）。对他的飞行任务在教育方面发挥作用的奖励

（续）

所属机构	物品
加拿大航天局（Canadian Space Agency）	干涉仪仪器。该仪器首次用于 1984 年马克·加尔诺（Marc Garneau）的飞行任务（鲍勃是他的备份）
加拿大大学（Canadian Universities）	鲍勃在国际空间站上进行了数个研究实验，每个实验都带回一些样品。
加拿大（Canada）	加拿大国旗，留在国际空间站上
格林堡博物馆（Glenbow Museum）	人工制品—第一次世界大战中加拿大王牌飞行员及布什飞行员先驱上校梅（May）的帽徽
曼尼托巴博物馆（Manitoba Museum）	北极探索奖章（Artic Discoveries Medal）
卡尔加里大学（University of Calgary）	铁质戒指，为了纪念鲍勃曾经的同学丹·梅喜尔（Dan Mercier）
加拿大艺术委员会（Canada Council for the Arts）	两本总督文学奖（Governor General Literary Award）的获奖书籍–作为文学价值的象征

10.6　发射前演练

发射前两周，乘组从约翰逊航天中心飞往肯尼迪航天中心进行最后倒计时演练（Terminal Countdown Demonstration Test，TCDT）。最后的彩排除了没有向火箭加注燃料和实施真实的点火程序，其他程序与发射程序几乎完全相同。然而，在最后倒计时演练开始之前，乘组还有忙碌的其他活动安排，其中一项就是学习驾驶人员运送装甲车（Armored Personnel Carrier，APC）。

10.6.1　驾驶 M-113 坦克撤离

M-113 坦克（见图 10.1）被发射塔架营救小组在发射过程中用于救助飞行乘组、护送救助队或者最后指导小组撤离。这种坦克最早在二十世纪六十年代定型，现在美国航空航天局有 4 辆 M-113 坦克可以在发射时使用。航天员经过 15 分钟的练习就能够熟练驾驶 M-113 坦克，每个航天员必须清楚地知道只有在出现美国航空航天局称之为模式 1 撤离情况时才能驾驶坦克。模式 1 撤离是乘组自行出舱并使用滑车应急逃逸系统到达掩体，然后驾驶 M-113 坦克到达安全地点。如果一切顺利，航天员们能够在 5 分钟内进入到坦克内部。

在实现了驾驶坦克高速狂奔这个许多人的儿时梦想之后，航天员们还要参加火警和安全警报基本情况介绍会，复习紧急事件中不同危险的详细信息。例

图 10.1　航天员们在最终倒计时演练测试前驾驶美国航空航天局的 M-113 救生坦克
（图片来源：美国航空航天局。）

如,提醒航天员在发射台上可能会泄露的燃料种类。在火警和安全警报基本情况介绍会后,航天员要参加安全基本情况介绍会,然后与飞行装备处理助理见面,一起检查他们飞行中携带的物品。这一天最后往往以在海滩公寓和肯尼迪航天中心管理层共进晚餐结束。海滩公寓位于天然海滩边缘的沙丘上,是一座舒适的房子,是美国航空航天局一座历史悠久的建筑,发射前航天员们和家人常常会前往参观。

10.6.2　紧急撤离程序

第二天一早是讲座,主要讲解即将进行的最后倒计时演练和火箭及飞船的状态。讲座通常持续到午餐。与往常一样,航天员们在乘组区吃饭,午餐后坐车到发射台在火箭前参加半小时的新闻发布会。发布会结束后,乘组乘坐电梯到达发射塔顶部,复习进舱和紧急撤离程序,这些程序将在明天的最后倒计时演练中使用。航天员们特别关注的一个装备是应急逃逸系统(Emergency Escape System, EES)(见图 10.2 和知识卡 10.2),它在很多方面都像一个过山车。

理论上,应急逃逸系统能够在 2 分钟内将航天员转运到安全区域。如果遇到火箭燃料泄漏的情况,这个撤离时间能够确保航天员的生命安全,但面对一个装满燃料的火箭,在最紧急的情况下,该系统也只能让航天员聊以自慰。

图 10.2　美国航空航天局新型应急逃逸系统

(注意图像中右侧的滑车系统。图片来源:美国航空航天局。)

▲ 知识卡 10.2　美国航空航天局滑车应急逃逸系统(NASA's roller-coaster emergency escape system)

　　2010 年航天飞机退役后,美国航空航天局着手把现用的滑绳逃逸系统改造为"阿瑞斯"Ⅰ型应急逃逸系统。"阿瑞斯"Ⅰ型应急逃逸系统由 3 套能够乘坐多人的轨道滑车组成,不禁令人联想到过山车①。它的用途是在紧急情况下将航天员和地面工作人员从发射台上的火箭处快速转运到有水泥掩体的安全区域,每辆滑车能够运送 6 名航天员从塔架顶部无动力的垂直降到地面(!)使用被动和磁性摩擦力刹车系统降速。应急逃逸系统在没有消防/救援人员的帮助下,能够在 2 分钟内最多运送 12 人(6 名航天员和 6 名护送救助队人员)从装载平台到固定安全掩体内。

10.6.3　最后倒计时演练

　　次日,乘组早上 6:30 吃早餐,之后直接去操作和检查大楼(Operation and

――――――――

　　①　显然,肯尼迪航天中心的某位主管机械工程师一定是滑车狂热爱好者,有些人怀疑他肯定和这个设计相关!

Checkout Building），工作人员协助他们穿上南瓜色的航天服。大约 7:45,航天员们集合离开大楼乘坐摆渡车。尽管最后倒计时演练只是一次练习,但也有许多人在一旁挥手并欢呼。到发射台大约需要 10~15 分钟,有闪着蓝灯的车队护航,所有安排与发射当天相同。进入"白房子"后,乘组进入飞船,演练三周后真正发射时将要执行的程序。航天员躺在座椅上,要进行 2 小时的通信联络测试和倒计时检查,之后执行模式 1 出舱撤离程序,演练结束。航天员两两一组离开飞船,穿过"白房子",经过电梯,将自己绑在滑车逃逸系统座椅上。如果真正遇到紧急情况,航天员们将以一定速度从塔架顶部滑下并进入固定的掩体,待到危险情况解除或驾驶 M-113 型坦克到达预定的直升机起降地点。对最后倒计时演练来说,因其太过危险而没有实施过。

完成最后倒计时演练后,航天员们返回休斯顿。距离发射剩下不到三周,大多数训练已经结束。对于要执行舱外活动的航天员,还会有最后一次中性浮力实验室的练习;对于航天驾驶员来说,在模拟器还会有一些技能微调训练。

发射前 10 天,航天员要进行另一项称为"射前 10 天"的医学检查,时长大约 30 分钟,进行生命体征、耳鼻喉、胸部和肺部、腹部、四肢以及神经功能检查。"射前 10 天"检查还包括拭子检查以及其他检查以确保乘组没有感染疾病。检查后,美国航空航天局就限制航天员同其他人员接触,尽管 3 天后才开始正式隔离。

10.7　隔离

发射前一周,航天员在美国航空航天局航天员隔离设施（Astronaut Quarantine Facility,AQF）（位于约翰逊航天中心）执行隔离。每次发射前都要执行该项预防措施,因为一旦航天员生病,后果将很严重,即使是普通感冒也会对任务产生影响,因为由于充血而无法打开耳部咽鼓管,尤其是在出舱活动时有压力变化影响更大。隔离要求严格,乘组医生和航天员一同隔离,任何有生病迹象的人员都被禁止与乘组接触。

航天员隔离设施（见图 10.3）由 12 间带有独立浴室的卧室、一个大会议室、洗衣房、厨房、餐厅、计算机工作站、体育锻炼室、飞行前后医学检查室以及一个会见医学准许人员的休息室组成。尽管在隔离期间训练减少了,但任务训练员仍然找时间安排一到两次发射模拟。教员在发射前最后一段时间也会进行发射和上升段演练,以确保航天员反应良好,并为真正的发射做好准备。通常,最后一次演练包含四个不同的发射工况,和平常一样,乘组要对所有的模拟故障做出反应,但这仅限于前三个。第四个模拟是完全正常无故障的上升段,这像教员为乘组准备的礼物,他们以这种方式祝愿乘组一切顺利。对于乘组来说,他们前期已经习惯于预期会有无数的故障,正常无故障的上升段确实是惊喜。在进行了大量对一个接一个的故障做出反应的模拟训练后,绝大多数乘组成员都已经无法记起上一次没有警报触发的模拟发射训练是什么时候了!

图 10.3　美国航空航天局航天员隔离设施
（图片来源:美国航空航天局。）

　　航天员在隔离大楼停留 2~3 天,然后前往发射场并在发射场乘组隔离楼里进行同样严格的隔离。因为训练的紧张步伐减缓下来,航天员终于有机会集体喘口气了。他们抓紧宝贵的时间阅读文件,进行飞行前最后准备,复习飞行计划和程序,并将精力集中于即将到来的发射倒计时。

第 Ⅲ 部分　发射准备

第11章　最后倒计时

"啊！我终于挣脱了地球的桎梏，
展开笑声涂银的双翼在空中舞蹈；
我朝着太阳爬升，加入阳光劈开的云层
与云朵翻滚嬉戏——你做梦也难以想象
的千百件事情——盘旋、拉升、左右摇摆
在阳光普照的寂静的高空。翱翔天宇，
我一路追逐狂啸的风，驾驶急不可耐的战机
穿过没有地基的空气大厅……
在狂灼的蓝色长天里向上，再向上，
我从容优雅抵达了风的最高点，
没有云雀或者老鹰曾在那里飞翔——
我的大脑空茫无声
我脚踏高得无人涉足的神圣空间，
伸出我的手来，触到了上帝的脸庞。"

《飞向高空》约翰作

(*High Flight*, Joth Fillespie Magee, Jr)

11.1　发射日

对航天员来说，发射之日始于美国航空航天局营养师准备的早餐。可能有人认为航天员会享用牛排、鸡蛋和咖啡，但实际情况并非如此。首先，大多数航天员因太紧张吃的东西不会超过半片吐司；其次，因为要面朝上躺三个小时，他们连看也不会看咖啡一眼。事实上，许多航天员有意使自己在发射前处于缺水状态，因为他们都不愿意使用最强吸水服。然而，因为早餐是强制开放给媒体和美国航空航天局新闻报道人员的拍照机会，所以航天员通常会微微一笑，并做出吃东西的样子。

吃完饭后，乘组穿着传统的任务高尔夫球衫(见图11.1)参加最后一次发射前基本情况介绍会,然后参加一个确认发射倒计时状态和气象预报的远程会议。气象预报不仅包括肯尼迪航天中心,也有紧急溅落区。例如,如果大西洋彼岸的主溅落区(可能是法国的伊斯特尔)或者备份溅落区(例如西班牙的萨拉戈萨)的气象条件不好,航天器就不能发射。会后航天员到飞行乘组的医生那儿进行最后一次医学检查,然后前往卫生间做最后一次排空膀胱的努力,之后开始穿航天服。

图 11.1 凯丽·科雷蒙(Kylie Clem),根纳季·帕达尔卡(Gennady Padalka)及航天员迈克尔·柏瑞特(Michael Barratt)和蒂姆·考珀若(Tim Kopra)

(国际空间站第 19 考察组指令长,俄罗斯航天员根纳季·帕达尔卡(左二),坐在他旁边的是美国航空航天局航天员迈克尔·柏瑞特和蒂姆·考珀若,他们正在美国航空航天局的约翰逊航天中心参加一场发射前的新闻发布会。最左侧的是凯丽·科雷蒙,来自公共事务办公室的主持人。飞行乘组穿着任务高尔夫球衫在发射前的情况介绍会上。图片来源:美国航空航天局。)

11.1.1 穿航天服

发射当天,航天员的第一个挑战不是克服发射时加速度压力或适应微重力,而是穿戴非常笨重的发射和返回段服装—航天服。穿戴过程如此复杂,精心编制的倒计时计划实际上允许有 45 分钟的余量以应对意外的发生。

航天服非常复杂不易穿戴,每个航天员都有个人服装技术员帮助其完成服装穿戴(见图 11.2 和知识卡 11.1)。服装穿戴在发射当天一早开始进行,当航天员们到达美国航空航天局肯尼迪航天中心的服装穿戴间后就开始了这一过程。服装穿戴间是自阿波罗任务以来所有航天员都一直使用的房间。在这里,来自乘员救生装备组(Crew Escape Equipment Group,CEEG)的联合太空联盟的技术员帮助航天员开始漫长的穿戴与众不同的"南瓜"服的过程。

图 11.2　联合太空联盟的服装技术员在协助航天员穿航天服

　　穿戴航天服的工作对乘员救生装备组的技术员(包含 6 个管线连接技术员和 14 位服装技术员)要求更高,因为在发射前几天就必须检查服装。例如,一定要检查紧急氧瓶并装进束缚装置,也要检查服装液体冷却系统确保不会漏液,还要给服装加压确保不会漏气,技术员必须对通信系统进行端到端检查。

◀ 知识卡 11.1　航天服

　　航天员们在发射和着陆时穿着的航天服配有通信设备、氧气瓶、降落伞以及足够一天的饮用水。与设计用于四处行走和移动的舱外航天服不同,发射和返回阶段的航天服保护固定着的航天员的生命安全。为了实现这个功能,航天服整体由多层薄织物组成,而我们在航天员们出来乘坐摆渡车前往发射台时看到的橘黄色层仅仅是最外层,实际上也由两层组成。内层是橡胶类的像潜水服的材料(可以看作是服装的充气内胆,因为在服装需要充气时它须保存空气不泄漏),最外层是有防火涂层的轻质高熔点聚酰胺材料(flame-resistant Nomex material),比内层更结实,用来给服装赋型。当头盔、视窗和手套固定到位后,航天员处于服装的完全封闭中,充气后每平方英寸有 3.5 磅的压力,这个压力与一个人在地球上 3 万英尺高度承受的气压大约相同。

　　为了保障航天员在着陆后的生存,头盔装备有阀门,在氧气耗完后打开阀门让空气进入。航天服还配备了一个救生筏和一个能够从救生艇里面把水舀出去的排水杯。一旦落水,航天员有多个工具给营救人员发警报。例如,腿部口袋塞有发烟物,另一个腿部口袋有救生无线电。

　　航天员们到达服装穿戴间时,他们知道他们的航天服已经过技术员们的彻底检查,可以进行第一阶段的穿戴。航天员最早穿戴的装备之一是最强吸水服,这是一个成人尿布,用于吸收航天员躺在座椅上等待发射时不可避免的小便。航天员要穿的首套服装是长袖和长裤保暖内衣,内衣表面布有管子,穿上先进的乘员救生服(Advanced Crew Escape Suit, ACES)后,管子里会接通冷却水。然后航天员坐在躺椅上,首先穿进服装的脚部。之后的穿着过程包含了一些体操动作,航天员首先要弯下腰穿进一只手,然后再穿进另一只手,之后晃动手臂努力挤着穿上服装的袖子部分,在这个过程中最好脑袋能够移动到颈环附近。完成这些后,航天员的后背还露在外面,能看到蓝色内衣;虽然航天员的腿和胳膊都已经穿上服装,但其他部位还没有!接下来,航天员用力把头穿过服装的金属颈环,如果不是有一个很紧的氯丁橡胶圈用作颈部的密封的话这个过程还会相对容易一些。密封圈设计大小和航天员的颈部宽度相同,因此航天员把头穿过去的时候会觉得非常紧。在经过艰苦的努力、累得出汗(不仅仅是航天员,还有服装技术员!)甚至感到有点泄气之后,航天员终于穿进服装里。

　　服装技术员经过全面检查确认无误后,拉上服装的拉链,帮助航天员进入下一阶段——穿靴子。穿上靴子后,将头盔和手套与连接金属环连接锁紧,但这时连接起来仅是为了让服装技术员检查服装整体的密闭性。服装气密性检查完后,头盔和手套都要拿掉,进入航天器后再穿上。尽管航天员看起来已经准备完毕可以前往航天器了,但是服装技术员的工作还没有结束。他们要为航天员口袋里装上救生装备,如光烟信号管和无线电联络设备等,以及一些个人物品,如笔和手电筒等。最终,口袋装满后,航天员们已经穿戴好了为他们定制的航天服,并做好了前往发射台的准备。但是,在登上航天员摆渡车前,他们必须参加美国航空航天局传承已久的仪式—纸牌游戏!名为"负鼠的法戈"("Possum's Fargo")纸牌游戏是美国航空航天局的一个老传统,这本是战斗机飞行员玩的游戏,手气最坏才会赢。当指令长最终输掉比赛后,乘组才离开操作和检查大楼,让记者拍摄他们走出建筑物的场景(见图11.3),之后就登上美国航空航天局银灰色航天员摆渡车(NASA's Silver Astrovan)(见图11.4)前往发射台。

图 11.3　飞行乘组走出操作和检查大楼前往发射台

（图片来源：美国航空航天局。）

图 11.4　美国航空航天局的航天员摆渡车

（图片来源：美国航空航天局。）

11.1.2　乘坐航天员摆渡车

在航天员摆渡车内，航天员们把航天服连接到各自座位的冷却装置上，避免封闭沉重的航天服里面过热。在航天员去发射台的短暂路程中仍然有一位管线连接技术员帮助他们，他同时也是一名护送救助队人员（Closeout Crew）。护送救助队人员不仅要帮助航天员进舱,还是发射前的质量保证检查人员。除了对进舱的飞行关键物品进行最后一道检查之外,护送救助队人员发射前的每一天都用来确保合适的硬件都已经正确安装,包括从有效载荷到固体火箭助推器的每一件东西。在航天员前往发射台的路上,航天员摆渡车经过数个安全检查点,都有安保人员敬礼或者竖起大拇指,用于发射台爆炸时他们撤离的卡车沿途停放。在前往发射台的路上,航天员们会注意到消防车和载有穿着银色防火服装人员的救护车,但很快就被发射台上巨大壮观的"阿瑞斯"火箭(见图 11.5)所吸引。

图 11.5   发射台上的"阿瑞斯"火箭
(图片来源:美国航空航天局。)

11.1.3   白房子

协助航天员进舱的程序开始于"白房子"中,首先护送救助队人员对航天服进行最后一次检查(见图 11.6),然后把航天员送进航天器并固定在座位上。送进航天器之前,护送救助队人员要帮助每名航天员戴上与众不同的"史努比帽子",帽子中有乘组成员的通信耳机。完成这些后,他们会脱掉航天员前往发射台路程中穿着的靴子保护套。当航天员在航天器内固定好后,护送救助队人员开始测试通信系统,检查供氧管和舱内的各个系统。在护送救助队人员检查的同时,航天员戴上手套并戴紧头盔。当他们一起确认一切正常之后,护送救助队人员移走所有设备,与乘组说再见,并关上舱门。片刻后,乘组能够听到飞船加压产生的"砰砰"声。对乘组来说,护送救助队人员可能是他们最后一次见到的人。关上舱门那刻气氛有些沉重,因为护送救助队人员已经和航天员一起训练好几个月,彼此建立了深厚的职业联系和个人友谊。

图 11.6 "白房子"
（图片来源：美国航空航天局。）

11.1.4 护送救助队

护送救助队人员大约在发射前 30 分钟关闭舱门，但他们的工作并未结束。紧急情况下，他们需返回发射台营救乘组（此时其他人都在撤离发射台！）。因此，护送救助队人员的工作可能几乎和航天员一样危险，因为如果需要他们营救乘组的话（见知识卡 11.2），他们将进入含有大量挥发性易燃燃料的环境。因此护送救助队人员的服装都是阻燃且防静电的。

◢ **知识卡 11.2 营救乘组**

在航天员失去行动能力的危急情况下，护送救助队人员的工作十分艰巨。想象一下，他们要将体重 70 千克外加身着 35 千克航天服的航天员从舱内救出！再想象一下，进入一个黑暗的、充满烟雾且水花到处喷射的环境中，心里一直知道整个发射台随时会爆炸！因此，毫无疑问护送救助队人员是航天计划中众多无名英雄中的一员。

一旦发生紧急情况需要他们处理，护送救助队人员能够根据航天员手臂上色彩鲜艳的红光辨识乘组（护送救助队人员为了辨识穿着黄光服装）。救出乘组后，护送救助队人员先将航天员放在白房子的地板上，随后一个一个放入营救椅中再滚动至滑车逃逸系统。失去知觉的航天员被安置在滑车座位上并由一名护送救助队人员陪同。滑车启动后将迅速滑入（非常快！）一个掩体底部的着陆区，两名消防员在那里等候。航天员之后会被转移到掩体中；如果航天员受到致命伤，将被放到 M-113 坦克中并撤离发射台。

11.1.5　幕后英雄

航天员们并不是发射当天唯一穿着橘黄色保护服前往发射台的人。最后检查团队(Final Inspection Team, FIT),也称为"冰队"(Ice Team),同样如此。作为一个精英团队,他们用将近 2 小时对装满燃料待发射的航天器进行检查。这可不像平时朝九晚五的工作那样简单!"冰队"的工作十分危险,他们需对整个塔架进行彻底检查,以防异常结冰或小碎片在发射期间或发射后危及运载火箭及乘组。如发现任何异常,"冰队"有权直接呼叫发射指挥。

发射日当天"冰队"穿好防护服,将检查设备装车,随后在飞行器总装大楼附近听取最后的安全基本情况介绍,内容包括紧急情况发生时能帮助他们快速撤离发射台的最新信息。介绍结束后,他们等待发射控制中心发出通过安全封锁去发射台的放行许可。由发射控制中心发出的信号是发射倒计时 T-3hr,"冰队"在这个时间节点加入到载有护送救助队和航天员们的护送车队当中。他们在发射台下从车上卸下设备的时候,会听到高耸的航天器经历温度变化时发出的"嗡"、"嘎吱"和"砰"等巨大声响。卸完设备后,他们乘坐电梯到达工作平台开始检查。"冰队"使用照相机、望远镜及红外感应装置检查运载火箭的每一寸表面,察看是否有异常结冰或可能表明存在问题的异常温度点。在有条不紊的逐层检查过程中,"冰队"与发射控制中心保持定时联系。在安放于移动发射平台上的火箭底部,他们绕固体火箭助推器的尾裙四处走动进行最后的检查。火箭的最后绕行检查完成后,进行设备装车,"冰队"返回发射控制中心,由团队负责人向发射指挥报告。

11.2　发射倒计时

美国航空航天局测试主管从发射控制中心向各站点发出指令后正式开始发射倒计时。倒计时时钟则在火箭起飞前约 3 天(T-43 小时)启动(见表 11.1)。由于有内置暂停设定,实际发射倒计时需要 72 小时才全部完成。指导美国航空航天局测试主管和发射指挥工作的是 5 本厚厚的操作手册(每次任务前修订更新),手册内不仅有倒计时程序,也有航天器处理和测试程序。第一本手册描述了倒计时开始前的准备工作,第二本手册包括按顺序设置发射火箭的实际倒计时指令集,第三本手册包括取消发射后应执行的指令,第四本手册包含与第二本手册相关的具体系统指令,第五本手册概述了预定的应急程序和应急指令。

表 11.1　发射倒计时里程碑事件

时间		事 件
T-时	T-分	倒计时开始前半小时呼叫各站点
43①	00	倒计时开始
27	00	开始 4 小时的内置暂停②
27	00	爆炸区清场
27	00	主事件控制器飞行前内置测试设备测试
27	00	恢复倒计时
19	00	开始 8 小时内置暂停②
19	00	乘员舱清洁和吸尘
19	00	倒计时恢复
19	00	电子设备检查
11	00	开始 13 小时 37 分钟内置暂停②
11	00	向乘组简要介绍气象情况
11	00	约翰逊航天中心飞行控制团队就位
11	00	通信设备开通
11	00	乘员舱通信检查
11	00	飞行乘组装备最后装载
11	00	碎片检查
11	00	上升段状态转换列表
11	00	恢复倒计时
10	40	塔架撤走非必要的人员
9	50	燃料电池激活
7	00	负责灭火和营救的塔勤人员集合
6	15	燃料电池完整性检查完毕
6	00	开始 2 小时内置暂停②（射前 6 小时（T-6h））
6	00	乘组起床
6	00	飞行任务管理团队开会
6	00	恢复倒计时
3	00	开始 2 小时 30 分钟内置暂停②
3	00	护送救助队人员进入白房子
3	00	航天员保障人员进行通信检查
3	00	进舱前转换设置
3	00	乘组早餐

（续）

时间		事 件
3	00	美国航空航天局电视报道开始
3	00	最后一次向乘组简要介绍气象情况
3	00	乘组开始穿航天服
3	00	恢复倒计时
2	55	乘组离开操作和检查大楼
2	25	乘组进舱
1	35	航天员通信检查
1	20	舱门关闭
1	10	白房子关闭
00	20	开始 10 分钟内置暂停②
00	20	美国航空航天局测试主管简要报告
00	20	恢复倒计时
00	15	肯尼迪航天中心场区清理准备发射
00	09	开始最后一次内置暂停②
00	09	美国航空航天局测试主管发射状态确认
00	09	恢复倒计时
00	09	开启自动地面发射时序器
00	07	收回进舱摆臂
00	05	确认固体火箭助推器和航区安全及摆臂设备处于发射状态
00	05	发射窗口开启③
00	02	乘组关闭并锁紧面窗
00	01	断开固体火箭助推器连接的加热器
00	00	点火发射

①总共有 43 小时的倒计时时钟时间,但不是实际时间;
②倒计时中有数个内置暂停,这些暂停时间用于测试系统、联系沟通和交叉检查;
③该节点处于为达到具体任务目标火箭必须发射的时间内

5 本手册中的指令均在美国航空航天局测试主管的指挥下使用,他/她通过启动一系列为航天器飞行逐步设置的系统检查,开始倒计时。倒计时期间,有几个里程碑事件,例如发射台和航天器关闭,发射台底的旋转服务架（Rotating Service Structure, RSS）收回,火箭燃料电池激活以及非常关键的——乘组进舱。

一旦倒计时时钟开启,主点火室人员就开始全天候值班;当倒计时里程碑事件报出后,分配好的班组在不同的时间点报告就位,就位时间取决于他们监视的系统。例如,负责监视地面发射时序器的人员可能在倒计时开始的早期就进入工作,但直到发射当天才会有正式任务(真正派上用场)。这个小组由主操作员、两个备份操作员以及第四名数据提取人员组成,他们在倒计时 T-2h 就位,启动地面发射时序器软件为最后发射做准备。发射前 T-20min,地面发射时序器开始发出激活指令,发射前 T-9min,开始自动控制计时。

11.2.1 发射准则

当各操作岗位人员按倒计时依次不停工作的时候,发射团队成员在主点火室控制台对照预定数值监控飞行器及支持系统的各项参数。这一过程十分漫长,因为必须进行数千项检查,大约 2/3 是飞行器的,1/3 是地面支持设备的。这些检查通常属于发射准则(Launch Commit Criteria)或在支持数据范畴。发射准则是指关系到安全及任务成败的要素,从根本上说它明确了飞行器能够发射和不能发射的条件。发射准则核对于发射前 T-6h 开始,主要包括预防飞行器硬件损伤以及为航天员安全而特别设计的参数。例如,有一些气象方面的考虑,气象条件必须满足发射准则的特定要求才能发射。

其他参数主要包括帮助工程师维护特定硬件配置或协助解决问题所需的支持信息。例如,向火箭输送氢气的排风管有特定的工作温度范围。支持信息是巨大的系统性能数据库的一部分,而这个数据库也是发射处理系统的一部分。

11.2.2 通信

由于需要交换和处理的信息量巨大,通信流量管控非常重要。在主点火室,通信由可操作的双向通信系统(Operational Intercommunications System, OIS)分配路径传递,它是一个利用光缆的闭环数字语音系统。倒计时期间,美国航空航天局测试主管使用一个频率作为指令频道,而各测试调度使用相互独立的频道领导各自范围内倒计时的工作。测试调度们和美国航空航天局测试主管在需要时互相联系,例如状态核对和指令回复时等。使用不同频道确保通信链路相互独立并使流量处于可控水平。由于发射团队之间的通信大量使用缩略语(就像本书一样!),外人听起来他们就像说外语也就不足为奇了。发射团队成员广泛使用这种方法以尽量少说废话。在主点火室甚至被进一步简化——他们那里控制台的工位被分配了唯一的呼叫代号——团队成员使用这种方法进行快速有效的识别。

倒计时期间唯一的一次通信频道切换是在乘组进入航天器后,这时航天员需要接入测试调度频道。发射前 T-20min,美国航空航天局测试主管也切换到该频道并使之成为指令频道。与此同时,主点火室和备份点火室的综合控制台与其他航天中心如约翰逊航天中心的飞行任务评估室(Mission Evaluation Room,MER)、马歇尔航天飞行中心(Marshall Space Filght Center)的亨茨维尔运营支持中心(Huntsvile Operations Support Center)等通信频道保持不变。飞行任务评估室负责制定和实施飞行数据收集、处理、评估、报告,以及任务后评估,而亨茨维尔运营支持中心提供航天器的技术支持。

11.2.3　发射点火室

主点火室实行军事化管理,因为其中工作人员每一个重要决定都关系着多达 6 名航天员的生命。这些在高压环境下工作的人受到过行为规则和条例方面的专门训练。例如,谈话只能与手头工作相关,除非极特殊情况否则不能接打私人电话,并且不允许阅读与工作无关的材料。从发射前 T-3h 起,只有佩戴主点火室胸卡的人才允许进入主点火室。发射前 T-20min,主点火室大门封锁,以切断干扰让工作人员专注于倒计时。

11.2.4　发射台工作

在主点火室控制倒计时工作的同时,发射台的工作人员做着各种发射准备工作。发射前 15 分钟左右,包括发射团队在内的 3 支团队需要对是否准备就绪进行投票。首先,美国航空航天局测试主管确认主发射团队报告满足发射准则要求。其次,工程支持团队(Engineering Support Team)的工程主管(Engineering Director)确认最终倒计时可继续进行。最后,飞行任务管理团队主席(Mission Management Team Chairman)确认各部门主管无异议。发射指挥收到这 3 组确认报告后,举行肯尼迪发射中心管理层投票。假如所有关键人员均同意,发射指挥授权美国航空航天局测试主管继续倒计时,美国航空航天局测试主管启动最后 9 分钟倒计时,倒计时由地面发射时序器(GLS)自动控制。①

11.2.5　发射前倒计时准备

乘组在座舱内进行无线电检查,之后是仿佛无穷无尽的倒计时里程碑事件,以及听着发射控制中心的对话。经常引起航天员注意的是航区安全员的报告。

---

①　地面发射时序器是一个自动化程序,在倒计时最后阶段控制所有活动。

航区安全员(见知识卡11.3)的工作非常艰巨,如果发射后火箭偏离航线,他需要启动飞行终止系统(Fight Termination System, FTS)以摧毁火箭。如果发生这样的事件,指令长会在仪表板上看到红色的灯光警告。从人因设计角度来看,这灯光不是很有用!

▲ 知识卡11.3　航区安全员

"阿瑞斯"火箭被发射进入发射场区上方被称为"发射走廊(Launch Corridor)"的空间。当"阿瑞斯"在发射走廊内,如果固体火箭助推器失效,火箭将落入无人区;但在发射走廊外失效时,可能会导致"阿瑞斯"坠落在人或房屋上。这种情况下,航区安全员有权下达火箭远程自毁指令。这种事件在"挑战者"号航天飞机解体后发生过,当时航区安全员发出指令使不受控、任意飞行的固体火箭助推器自毁,阻止其造成安全威胁。

摧毁一枚火箭相对简单。"阿瑞斯"的固体火箭助推器内部有航区安全系统,能够接收两条指令——准备和自毁(Arm and Fire)——由航区安全员从地面站发出。第一条指令,称为准备,启动火箭上的逻辑模块,激活自毁程序,并在指令长和驾驶员位置的飞行显示屏和控制面板上发出报警灯光。第二条可能使用的指令就是自毁。

乘组尽量不去想航区安全员,继续对照着检查清单在心里过一遍程序,祈祷什么异常都不要出现。由于发射程序十分复杂,加上所有的运载系统都必须在发射前达到完美的工作状态,发射经常因为这样或那样的问题推迟也就不足为奇了。这些问题涉及范围很广,从某一个计算机系统故障到小型飞行器飞入发射台周围的限制空域均有可能。毫无疑问,对于那些经过了多年的准备和训练,无比期待他们第一次飞行的航天员来说,这些问题也几乎无法使他们平静。在倒计时的此时此刻,这些新手们正在接近实现他们从孩童时代就追逐的梦想,迫不及待地等着点火,期待着与飞船一起踏上奔向太空的9分钟旅程。距离发射只有几分钟倒计时的他们就像即将登上珠穆朗玛峰峰顶的登山者一样激动。虽然完成载人航天飞行的航天员比例(六十五分之一)比登上珠穆朗玛峰并成功返回的比例(约为十二分之一)还要低,但即将飞向太空的航天员们也处于"登顶狂热"状态。航天员们有着独属于他们的追求,并且所有航天员都像不断冲击新高度的登山者那样,害怕登顶失败远远比害怕死亡还要强烈。这些恐惧能够一定程度地反映在航天员常作的祈祷中:

"神啊:千万别搞砸!"

这是阿兰·谢泼德,美国进入太空第一人,在1961年5月5日升空前做的祈祷。谢泼德的射前语录在飞行员中被称为"谢泼德式祈祷",而在航天员中间被称为"航天员的祈祷"。

1. 发射前 10 分钟准备

当倒计时时钟显示 T-10min 时,航天员们再一次检查安全带,收听飞行控制人员发出的无穷无尽的核对代码,指令长做最后检查。几分钟后火箭将在万重烟火中升空。

2. 发射前 2 分钟准备

发射前 2 分钟,飞行任务控制中心提醒乘组关闭面窗,意味着发射即将来临。乘组遵照要求将面窗扣好,打开左膝处的开关连通"猎户座"飞船的氧气。肾上腺素开始迸发,心跳因期待而不断加速接近红线,乘组通过各种努力减缓呼吸并竭力控制因为紧张而想要呕吐的感觉。这时,某一瞬间他们会想到这可能是他们生命的最后一刻,但注意力很快就转向期待"阿瑞斯"火箭的发射。20 多年来一直梦想乘火箭进入太空,经过了数千小时的训练与辛勤付出之后,这些新人终于有机会圆梦。他们的身体开始颤抖,他们竖起大拇指互相鼓励。

3. 发射前 1 分钟准备

发射前 1 分钟,主显示屏继续滚动显示数据,航天员则想到他们的家庭,以及为了生命中这巅峰一刻而做的训练和准备。家属们在 3 英里之外的发射控制中心的楼顶上,可能比任何一名航天员都更加害怕。"阿瑞斯"火箭矗立在发射台上,但在家属眼中,"挑战者"号航天飞机发射 73 秒后爆炸的情景依然历历在目。飞行任务控制中心宣布发射 10 秒倒计时开始,这也意味着地面发射时序器已经接管倒计时。下一个指令是"地面发射时序器启动自动程序"。与航天飞机发射前 6 秒液体燃料发动机启动发出巨大噪声不同,"猎户座"飞船内部丝毫没有发射临近的征兆。倒计时 15 秒,随着运载火箭进行最后的修正,主显示屏上的姿态指示器数据滚动到正确的发射姿态。

4. 发射前 5 秒准备

发射前 5 秒,发射台上倒入成吨的水,用于吸收点火冲击波的传焰道也被小瀑布淹没。最后,倒计时结束,火箭的飞行计算机发出点火指令,一级航电设备给发动机点火器供电,5 段发动机随之点火启动。发动机点火后火焰沿着推进剂表面迅速蔓延开来,从管口喷射而出形成起飞推力。火箭的燃料也紧接着爆炸,迸发出 350 万磅的推力推动火箭直上云霄。主发动机喷射火焰,开足马力,12 层楼高的塔架剧烈震动。在主显示屏上,计算机迅速滚动完成发动机检查并显示任务时间 0:0。时钟开始转动!"猎户座"飞船内,超过 1.5 倍的重力将航天员重重地压在座椅上。飞行任务控制中心通报:"飞离塔架!"固体火箭助推器贪婪地每秒消耗着 5 吨燃料,温度高达 2760 摄氏度。重力继续提升到近 3G,乘组被进一步牢牢地压在座椅上。在发射控制中心楼顶上,家属满怀敬畏地看着"阿瑞斯"喷射出的火焰在蓝天下拖出一条长长的烟尾。助推器燃烧引发的巨大爆炸声在发射控制中心周围不断回响,楼顶震动,家属们有的拍照,有的只是站在那儿,被几千米外释放巨大能量、肆意燃烧着熊熊火焰的壮观场景所震撼。

5. 发射后

起飞不到 30 秒,火箭顶端形成冲击波并且火箭开始震动。与此同时,火箭控制系统持续监视着飞行轨迹并发出制导指令确保火箭姿态正确。几秒钟后,指令长通报当前马赫数为 1,乘组能够听到由于火箭达到超声速而产生的冲击声。很快,天空由蓝变黑。几秒钟后,伴随着震动"猎户座"飞船的一声巨响,固体火箭助推器分离。助推器由降落伞牵引坠入海中,打捞船会将其回收以便再次利用。由于固体火箭助推器的脱离,座舱内部变得更加安静,飞行明显变得平稳。指令长通知乘组固体火箭助推器已分离,他们可以关闭氧气并打开面窗。此时火箭已飞行 2 分多钟,距地面超过 60 千米。二级 J-2X 型发动机点火将飞船推向地球轨道时航天员再次感受到了重重的冲击。又过几秒钟,指令长宣布当前高度为 100 千米。新航天员发出一阵欢呼,这个高度意味着他们已经成为真正意义上的航天员了,并且终于共同实现了人生目标。同时,只剩下第二级和座舱的"阿瑞斯"继续加速,主显示屏上的海拔数字疯狂攀升。马赫数为 15。"阿瑞斯"以超过每秒 5 千米的速度狂奔!马赫数为 18——每秒 6 千米!每名航天员在超过 3G 的重力作用下都超过 300 千克。20 倍于音速!火箭仍在加速。最终,马赫表读数达到 25,相当于每秒飞行超过 8 千米,指令长欢迎乘组所有人来到太空。梦想成真的喜悦浸润着每名新航天员,他们不再是"菜鸟"了!其中一名航天员询问指令长是否能够再来一次,这过程实在是太美妙了。

图 11.7 "阿瑞斯"I 型火箭发射

(图片来源:美国航空航天局。)

名词术语中英文对照

Advanced Crew Escape Suit 先进的乘员救生服

Analogs 模拟环境训练

  Antarctica 南极洲

  Haughton Mars Project 霍顿火星项目

    Crewmembers 乘员

    Environment 环境

  Mars500 "火星500"

Ares Ⅰ "阿瑞斯" Ⅰ

  First Stage 第一级

  J-2X engine J-2X 发动机

  Upper Stage 上面级

Ares Ⅴ "阿瑞斯" Ⅴ

  Concept of Operations 运行方案

  Core Stage 芯级

  Earth Departure Stage 飞离地球级

  First Stage 第一级

  Interstage 级间段

Ascan Training 预备航天员训练

Astronaut Quarantine Facility 航天员隔离设施

Astrovan 航天员摆渡车

Automated Transfer Vehicle 自动货运飞船

  Attached Phase Operations 停靠阶段操作

  Core Lessons 核心课程

    Inventory Management System 物资管理系统

    Russian Docking System 俄罗斯对接系统

  Emergency Operations 应急操作

  Increment Specific Training Flow 任务专项训练流程

  Rendezvous and Docking 交会对接

Bio-Suit 仿生服

Canadian Space Agency 加拿大航天局

  Halifax 哈利法克斯

    Damage Control School 灾害控制学院

Fighting floods 水灾控制

HazMat assessment 有害物泄露处置测评

Survival Systems 生存系统

Saint-Hubert 圣·休伯特

  Aircrew Selection and Personality Testing 空勤人员选拔和人格测评

  Robotics assessment 机械臂操作评估

St. Jean 圣·约翰

  Multi-Stage Fitness Test 多等级体能测试

Mobile Servicing Systems Operations Training Simulator 移动服务系统操作训练模拟器

Multimedia Learning Center 多媒体学习中心

Operations Engineering Training Facility 操作工程训练设施

Selection requirements 选拔要求

Selection schedule 选拔日程安排

Toronto 多伦多

CapCom 飞行通信联络员

Centrifuge training 离心机训练

Chamitoff. Greg 格雷格·切米托夫

Chief Astronaut 航天员办公室主任

Closeout crew 护送救助队

Coiumbus Laboratory 哥伦布实验室

  European Drawer Rack 欧洲抽屉机柜

  European Physiology Modules Facility 欧洲生理学模块设施

  European Transport Carrier 欧洲运载器

  Fluid Science Laboratory 流体科学实验室

  International Standard Payload Racks 国际标准载荷机柜

  Training 训练

Conrad. Pete 皮特·康拉德

Crew Escape Equipment Group 乘员救生装备组

Orbital module　轨道舱

Propulsion module　推进舱

Training　训练

Space Shuttle astronauts　航天飞机航天员

Space Operations Mission Directorate　空间运营任务部

Spaceflight Training and Facility Operations　航天飞行训练和设施操作

Spacesuit Fitting　航天服试配

Space Station Mockup and Training Facility　空间站实物模型和训练设施

Space Station Processing Facility　空间站处理设施

Space Station Training Facility　空间站训练设施

Space Vehicle Mock-up Facility　航天器实物模型设施

SpaceX　太空探索技术公司

Spatial Disorientation Training　空间定向障碍训练

Star City　星城

　　Cottages　小别墅

　　Shep's Bar　谢泼德酒吧

Station Training Lead　空间站训练负责人

Survival training　生存训练

　　Absaroka Mountains　阿布萨罗卡山

　　Rangeley　朗吉利

　　Russia　俄罗斯

T-34 Flight Training　T-34 飞行训练

T-34 Ground School　T-34 地面学校

T-38　T-38 飞机

Terminal Countdown Demonstration Test　最后倒计时演练

Thirsk, Bob　鲍勃·瑟斯克

Thomas, Donald　唐纳德·托马斯

Treadmill with Vibration Isolation System　隔振跑步机

United Space Alliance　联合太空联盟

United States Air Force　美国空军

　　Manned Orbiting Laboratory　载人轨道实验室

　　Group2　第二批航天员

　　Group3　第三批航天员

Urine Processing Assembly　尿液处理组件

Vehicle Assembly Building　飞行器总装大楼

Virtual Environment Generator　虚拟环境生成器

Virtual Environment Training　虚拟环境训练

Virtual Reality　虚拟现实

Volkov, Sergei　瑟尔杰·沃尔科夫

White room　白房子

White Sands Test Facility　白沙试验研究所

Young, John　约翰·杨

Zero Gravity　零重力

　　Pull-up　过载拉起

　　Push-out　俯冲改出